透視心理學大全 1

先拿出名片的人先贏

齊藤勇 監修
吳偉華 譯

前言

「人不能只看外表。」我們經常會這麼說。

不過，反過來看，我們可以透過一個人的外表，來推測這個人的性格與可能會有的行動，像是「這個人看起來很老實」、「這個人看起來很愛玩」，這點應該是不容否認的。

之所以這麼說，是因為人會在無意識中，藉由一些言行舉止表現出隱藏在內心深處的心理狀態。

例如，有些人說話的時候，會不自覺的想與對方有肢體上的接觸，代表他心裡想進一步親近對方。

另外，我們的眼睛和手也很容易透露出我們的心理狀態。例如在談話的過程中，有些人會不自覺的摸鼻子，或是在說話的時候看向斜上方，也有些人一年四季都戴著墨鏡……不管是有意或無意，這些行為透露出了他們的不安、愛、溫柔或嫉妒等情感。

在「透視心理學大全」這系列書中，會向大家清楚解說，要如何從一個人的行動中，讀取到一百四十四個隱含的訊息。學會透視人心，應該可以幫助大家在工作上、戀愛上，以及生活中建立良好的人際關係。

最後，也希望大家藉由這套透視心理學，邁向更幸福的人生！

齊藤勇

目錄

CONTENTS

目錄

CONTENTS

目錄

CONTENTS

Chapter 5
從「行為」透視人心

目錄

Chapter 1

從「外表」透視人心

見た目で読み取る人間心理

說話時，動作或手勢越大，對方越容易著迷

透視力關鍵字 溝通風格

想知道一個人的心理狀態，除了透過表情，從行為、手勢、姿勢等也能夠判斷。溝通時出現不同的動作與姿勢，這在心理學上稱為「溝通風格」，主要分成八種類型：

第一種稱為「戲劇型」，會使用非常誇張的全身動作和手勢，也很擅長搭配動作來說明事情。不但動作誇張，聲音也很誇張，很容易吸引別人聽他說話。第二種稱為「支配型」，這類型的人說話大聲，也會故意接

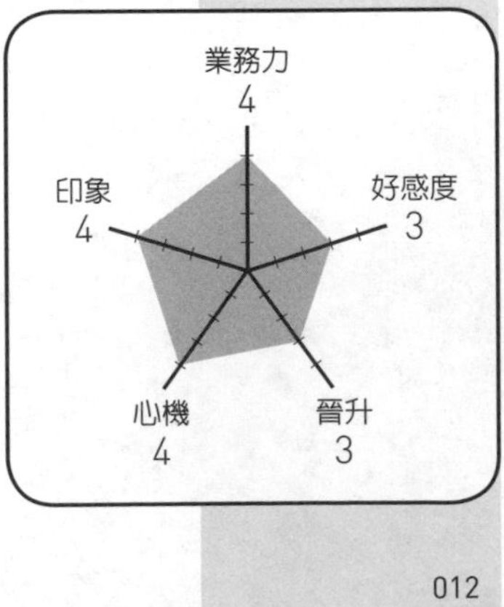

近對方，藉由自己的體型給對方壓迫感。大部分有自信的人，或是比較自負的人都有這種說話特徵。

第三種稱為「活潑朝氣型」，在對話中很常使用手勢，說話方式輕快。第四種稱為「輕鬆自在型」，總是一派輕鬆，不會給別人緊張感，說話方式優雅，讓人安心。

第五種稱為「傾聽型」，談話時會一直微笑看著對方，讓對方覺得自己的話題很吸引人，而樂於繼續說下去。第六種稱為「開放型」，表現出友好、社交性的言行舉止，給人開朗、自由、個性開放的印象。

第七種稱為「友善型」，他們會與人保持適當的距離，並且留心不讓對方產生厭惡感，也會肯定對方的意見，給人值得信賴和友善的感覺。最後一種稱為「爭論型」，這種人的溝通方式就是挑戰對方。獨斷的說話方式，身體前傾，怒視對方或威嚇對方，都是這類型的人的溝通特色。

心理 POINT

從溝通風格來判斷對方的性格！

人會光看外表就判斷異性的能力

透視力關鍵字　視覺動物

我們常說男人是視覺動物，對異性有特別敏感的反應。選擇戀愛對象時，看外表是很理所當然的事，這在心理學上也已經獲得實證。

有趣的是，有個實驗是讓男學生評鑑女學生寫的報告，實驗發現，在報告封面貼上女學生的照片，會影響男學生對報告的評分。如果貼的是美女照片，報告會得到較高的評價；如果貼著長相普通的女學生照片，

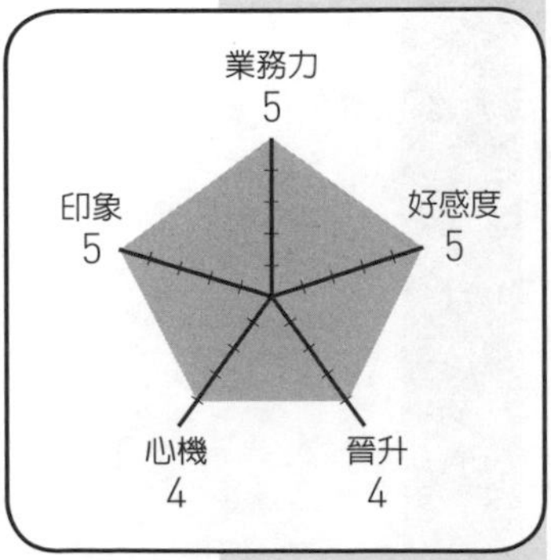

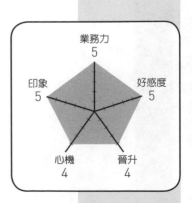

報告的評價就相對較低。

當然，報告寫得如何與作者到底美不美一點關係都沒有。不過，美女寫的報告，即使內容不怎麼樣，仍可以得到不錯的評價。反過來看，長相普通的女學生寫的報告，儘管內容程度差不多，評價卻相對低得多。

實驗證實，我們很容易因為一個人的外表，影響對他能力好壞的判斷。當然，長相與能力實際上並無關係，但是在這個實驗中，我們知道外表所展現出來的魅力，會大大左右別人對我們的表現和能力的評價。

因此，我們可以下一個結論，讓自己擁有亮麗的外表，別人也會更加肯定我們的能力，不管在學業上或工作上，都是很有利的！

心理 POINT

好好打理自己的外表，可以獲得實力以上的評價！

從髮型看一個人的性格特徵

透視力關鍵字 光暈效應

或許我們不能斷言「外表就是一切」，但一個人的外表確實會影響我們對他的整體印象。只要某方面給人的印象還不錯，就能提升整體印象，這在心理學上稱為「光暈效應」。所謂的光暈，就像是光環，在宗教繪畫裡，我們經常可以看到聖人的背後畫著一圈光環，藉由這圈光環創造出神聖感。

那麼，一般人可以創造「光暈效應」的部位，應該就是頭髮了。特別是髮型，給人

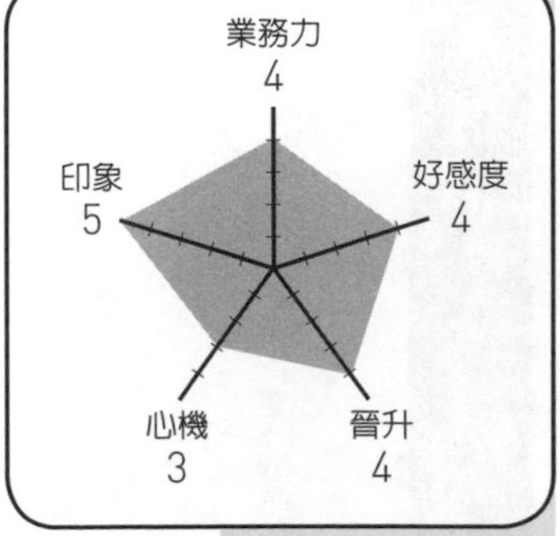

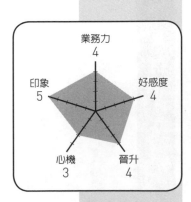

的印象非常深刻。例如，頭髮三七分的男性，給人認真、誠懇的印象；短髮或平頭，則給人陽光的感覺；若是留長髮的男性，則給人像是音樂家或藝術家的印象。因此，如果想給別人不一樣的印象，可以從改變髮型來著手。也就是說，希望給人認真的印象，就把頭髮整理成三七分；想創造活潑、有朝氣的印象，把頭髮剪短就好。

另外，我們也可以從一個人如何整理自己的頭髮來判斷他的性格。例如，會把白頭髮染黑的人，代表他隨時都想保持青春的狀態，而且會為了這個目的不惜付出努力，屬於苦幹型的人。相反的，維持現狀，不願將白頭髮染黑，代表這個人不願違背自然，屬於順從型的人。另外，還有一種人頭髮變稀疏也不在乎，是屬於會突然翻臉、態度驟變的性格。

當然，每個人對於髮型都可以有自己的想法，但是考量到髮型的「光暈效應」，就不容我們輕忽！

心理 POINT

改變髮型，就能改變給別人的印象！

人的情緒會表現在左臉

透視力關鍵字　左右不對稱

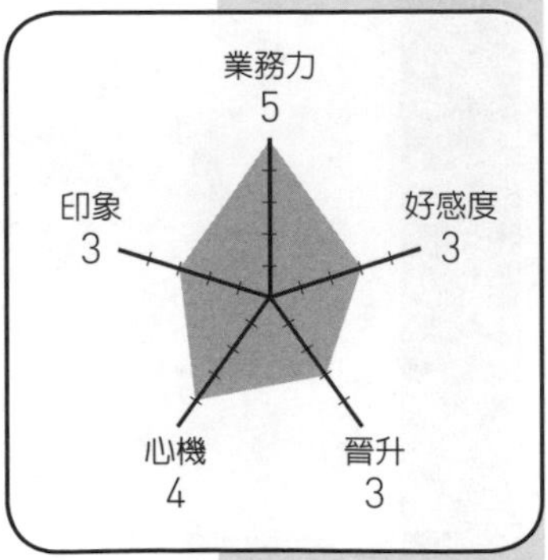

各位如果有仔細觀察過自己的臉，會發現我們的臉左右並不對稱。也就是說，左臉與右臉其實有些不同。

只要拿臉部特寫的照片來對照就很清楚。拍下自己喜怒哀樂的表情，將照片從中間裁切，再將左右半邊臉翻轉，拼成一張右側臉和一張左側臉的合成照。我們可以發現，左側臉的合成照呈現出強烈的情緒，但右側臉的合成照就沒有太多的表情。

心理 POINT

談判時，記得讓對方看右側臉！

之所以會有這樣的結果，是因為人的臉部表情是由右腦掌管，並且控制左半邊的身體，所以才會強烈的顯現在左側臉。

如果是自然流露的情感，其實表情是左右對稱的。經過思考、刻意做出的表情，才會變成左右不對稱，而特別表現在左側臉。

所以，要讀懂對方的心理，或是要判斷對方的表情是否刻意，仔細觀察對方的左臉很重要。

注意左臉就能知道對方的心理

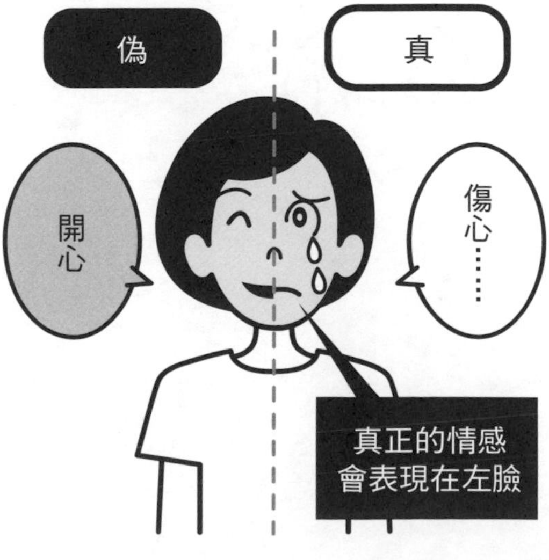

化妝技巧越好，人越積極

透視力關鍵字　化妝效應

化妝就像帶上面具，能夠滿足人們角色扮演的欲望，尤其是女性，這方面的傾向特別顯著。

有資料顯示，女性給專業化妝師化妝的那天，比起自己化妝的時候，與他人相處時的距離比較小。通常越內向的人，與人的距離會越大，但是透過化妝，可以縮短與人之間的距離。

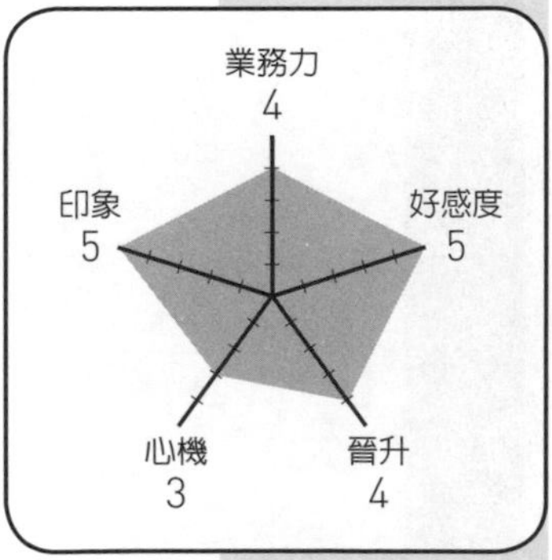

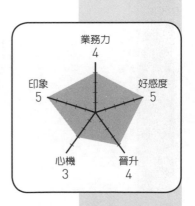

這也就表示，化妝可以讓人變得比較外向，行動也會變得比較積極。因為化妝會讓人覺得自己變美麗，因而感到滿足，進而自我肯定，自尊心也會提升，自然而然就會變得積極。

化妝頻率越高的女性越外向，也比較喜歡休閒、旅行與戶外活動，在人際關係方面屬於社交型，性格相對積極，這些在心理學上已有很多研究調查證實。所以，對自己沒有自信的人，不妨先學化妝吧！

心理POINT

內向的人更要試著畫濃妝！

用手遮臉，是為了隱藏內心的動搖

透視力關鍵字　手勢

無論是有意或無意，當我們面對一個人時，會頻繁的注視對方的眼睛，為了從對方的眼睛讀取所有訊息，進而了解他真正的想法。

因此，如果不想被對方看穿自己真正的想法，就會避開對方的目光。這時候，大部分的人會用手或其他方式來遮蔽自己，最常出現的動作就是用手微微遮住眼角，或是掩住臉。遮住眼角的行為，最主要是為了多一

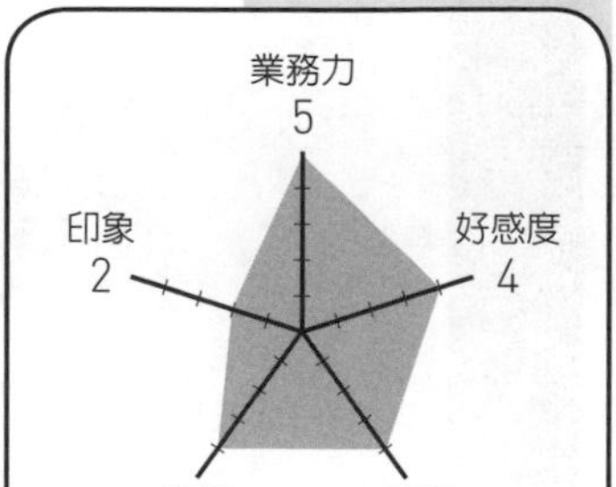

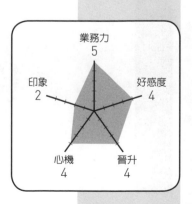

層防護，也透過碰觸自己的身體，達到穩定內心的效果，化解緊張的情緒。

但是，觀察比較敏銳的人，一看到對方這樣的動作，馬上就會發現：「他的心已經在動搖，想隱藏真正的想法。」

那麼，如果不希望被對方輕易發現自己的心已經動搖，怎麼做比較好呢？

最簡單的方式，就是在離自己的眼睛稍遠的地方做出動作或發出聲響。比起靜止的東西，動作中或變化中的事物更容易吸引人的目光，透過這樣的方式，可以短暫引開對方的注意力。比方說，可以輕敲桌子，讓桌子發出咚咚咚的聲音，或是假裝從包包拿出資料，在離自己的眼睛稍微有點距離的位置做出一些動作。

要是附近沒有可以利用的東西，若無其事的移開自己的視線也是不錯的方式。如果不想被對方發現自己的心思的話，也可以利用手勢，或是發出聲音來轉移對方的注意力。

心理POINT

利用一些小技巧轉移對方的注意力，避開對方的目光！

走路瀟灑有風的人，容易熱中於一件事

透視力關鍵字　自我表現欲

抬頭挺胸，走路瀟灑有風的人，給人雄糾糾、氣昂昂的感覺。不管旁邊有多少人，一雙腳踏出有速度感的節奏，看起來就很帥氣。

其實，這樣的人很想讓大家看到他英勇的一面，也就是他有著強烈的自我表現欲。除此之外，他的內心深處還隱藏著另一種心理。

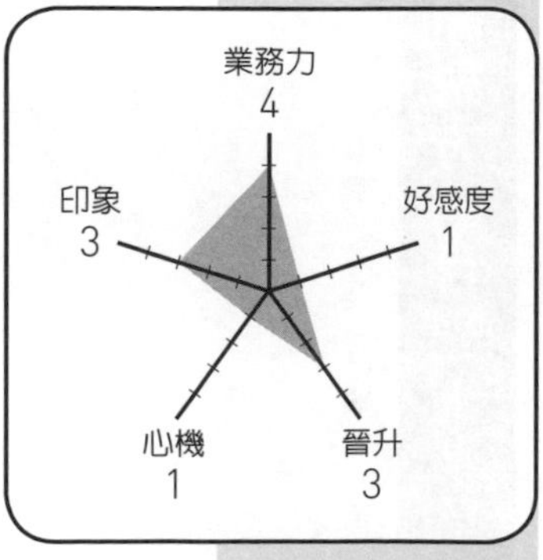

心理 POINT

走路抬頭挺胸的人不太會察顏觀色！

走路抬頭挺胸，自信滿滿的人有個特色，他們只會盯著前方的目標，筆直前進，至於身邊的人說什麼或做什麼，全都不關己事。在朝向目的地前進的途中，不管遇到型男、正妹，或是與自己喜歡的對象擦身而過，或是經過一家好吃的餐廳，對這種走路瀟灑有風的人來說，是完全不會發現的。

也就是說，他們有著非常強烈的專注力與執著心，當一個人腦海中只有自己的事情時，視野也會變得狹隘。也不能說是缺點，但是這樣的人常常會搞不清楚現場狀況，還會一味的主張自己的意見。有時候是因為想只著自己的事情，而沒留意周遭發生了什麼事，才會變成反應太慢，跟不上大家的討論。

就像一些藝人或運動明星，他們很習慣跟著鏡頭移動，擺出各種姿勢，是一樣的道理。熱中於一件事時，就會一直線的往前走。不懂得察顏觀色，只管自己的事的人，大多也有愛虛張聲勢的「可愛」一面。

先拿出名片，是想在談生意時占上風

透視力關鍵字
主導權

交換名片，是社會人士的重要禮儀。

就一般的禮儀來說，通常是晚輩先向長輩遞出名片。就像業務員見到客戶時，一定會說著：「打擾了！」再遞出自己的名片。

第一印象很重要，我們常說：「給人的印象，第一眼就決定了。」最初給彼此的印象，將大大左右兩人之後的關係。不過，這究竟是為什麼呢？因為人對於第一次看到、聽到的東西，這樣的實際經驗很容易留下印

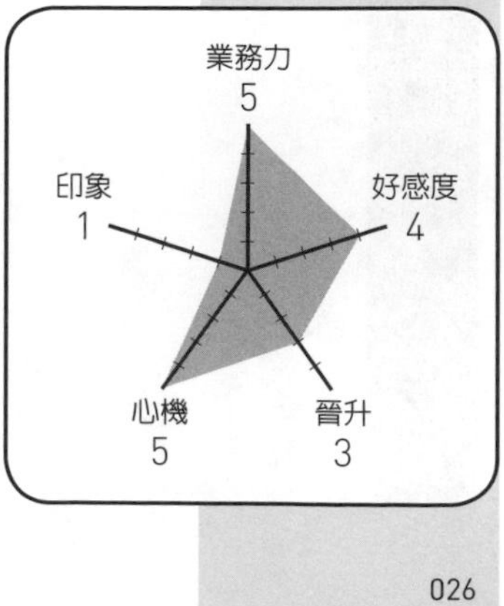

象，並成為評論對方的材料。

但也有一種人不管是什麼場合，總是先躬身遞出名片。這其實是非常高超的商業技巧。如果對方的立場與地位明顯比自己高，卻先向自己遞出名片，任誰都會覺得惶恐，覺得「不好意思」，這樣就達到了他想要的效果。也就是說，讓對方覺得「不好意思」，自己就可以在接下來的商談中占優勢。

所以，如果對方明顯是前輩，卻先遞出名片的話，這時就要注意了。很顯然的，對方應該是交涉老手，很可能在談笑之間，就被他就取得了主導權，等到結束後，才發現自己已經不知不覺被對方洗腦。

若是遇到這種情況，更要深入探究對方真正的目的。只要仔細留意對方說話的內容和表情，相信一定可以看穿他的策略。

要先遞名片，還是後遞呢？這是門高深的學問，所以人們才會說：「名片是商業人士的武器。」

心理POINT

一個大前輩如果先遞出名片的話，就要當心了！

整理領帶，是為了消除緊張

透視力關鍵字
防禦姿勢

當我們面對不認識的人時，經常會無意識的採取防禦姿勢。「雙手環胸」就是一例，但是這個動作會給人強烈的威嚇感，反而容易被看破手腳，有時候甚至會造成反效果。

為了避免雙手環胸給人不良的印象，一般上班族會無意識出現的小動作，就是「整理領帶」。實際整理領帶就知道，做這個動作時，兩手是很自然的護在胸前，也就可以

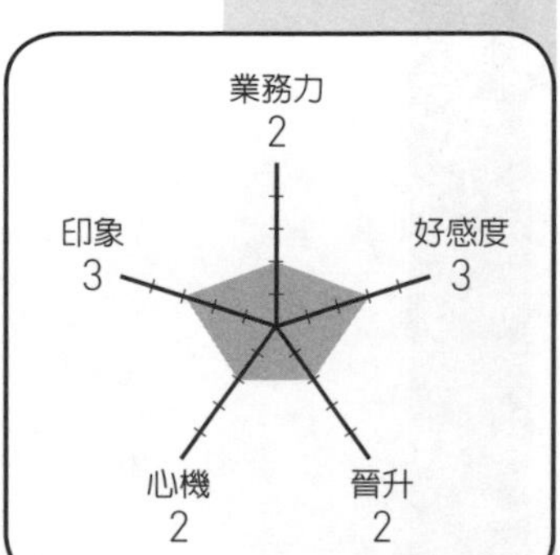

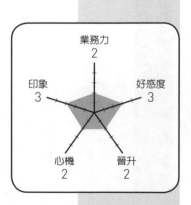

很自然的形成防禦姿勢。

藉由整理領帶這個動作，雙手護在胸前，保護我們的重要器官——心臟，跟雙手環胸有同樣的效果。心臟得到保護，人就會感到安心。

雖然效果相同，但是整理領帶給人的感覺是有禮貌的，不像雙手環胸會給人威嚇感，可以很自然的採取防禦姿勢，也有抒緩緊張的效果，可說是一石二鳥的好方法。

也就是說，了解這個動作背後的含意，當我們看到對方出現這個小動作時，就可以做出適當的回應。知道對方現在其實很緊張，此時，我們要做的就是先把正事擺一邊，先跟對方閒聊，讓他的心情放鬆會比較好。

另外，女性坐著的時候，雙手放在兩腿之間，那其實也是「防禦姿勢」的一種。

心理POINT

整理領帶是為了採取防禦姿勢！

Test

了解自己的心理測驗①

本当の自分がわかる心理テスト

問題 1

你有一個很討厭的朋友，這天，你化身為小偷，去偷他們家貴重的寶石。寶石的價格都一樣，你會想偷哪一樣？

Question

A
鑽石

B
紫水晶

C
紅寶石

D
珍珠

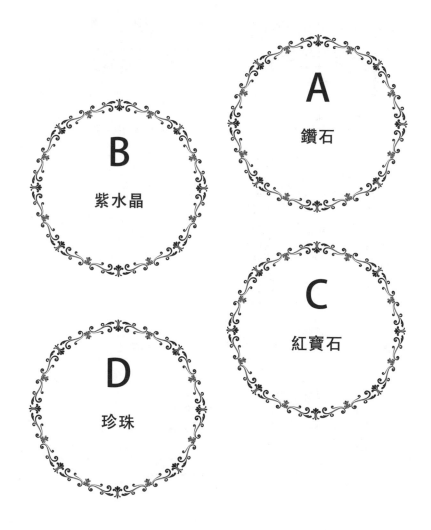

Answer

強盜代表不顧他人的感覺，只求滿足自己欲望

診斷你的「性騷擾」指數

B 性騷擾也會被原諒！宛如吉祥物般的存在

選擇象徵療癒的紫水晶，總是能夠緩和周遭的氣氛，即使是有些情色的發言或騷擾行為，大家也會原諒你，就像是吉祥物般的存在。你也許還沒有意識到這點，但已經有無數的色老頭把你視為頭號敵手！

A 不擇手段！你是性騷擾專家

鑽石象徵強烈的欲望。想偷鑽石的你，不但欲望強烈，而且還非常赤裸的表現出來。或許你沒有自覺，但你根本就是個惡劣的人。不管對方再怎麼討厭，你為了滿足自己的欲望，不擇手段，是性騷擾專家！

D 不知道如何性騷擾！謹慎小心，反而很無趣

珍珠蘊含著經過一番淬鍊才有的內在美，你連在喝酒的場合也不會開別人的玩笑，性騷擾指數零。人格當然是沒話說，但太過認真，反而讓人覺得無趣。藉由一些喝酒的場合，偶爾讓自己放開一點吧！

C 口無遮攔！不懂得體恤的人

選擇代表熱情的紅寶石，想到什麼就說什麼，容易引起不必要的麻煩。例如，毫不客氣的批評女性的容貌，已經傷到對方還不自知，人品實在低劣。雖然性騷擾指數不高，但道德方面也沒有多高尚！

Question

問題
2

哪裡有錢賺，你就往哪裡移動，世界各地都有工作邀約，但這次的工作卻是在一個偏僻的地方。你認為會是哪裡呢？

A
國內的山上

B
亞馬遜叢林中

C
美國的荒野

D
歐洲的古遺跡

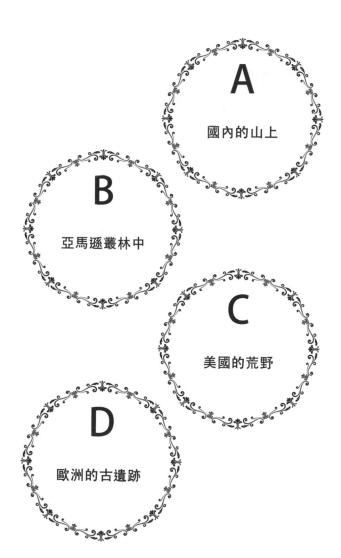

Answer

行動的範圍，就代表心的範圍

診斷你有多「執著」

非常執著的人
完全不在乎別人的目光！

不管交通再不方便、再危險，你還是要去亞馬遜叢林，在旁人看來，你的執著已經到了危險的程度。不過，你根本不管別人怎麼看，只在乎自己想做的事，走自己的路，執著到底！

B

與執著完全搭不上邊
麻煩事絕對不碰！

不管能賺多少錢，對你來說，要去遠一點的地方，就是很麻煩。你會做好自己該做的事，但不會執著。你很難理解那些對一件事異常執著的人，究竟在想什麼，其實你打從心裡就不想理會這樣的人！

A

欺騙大家的假執著，
非常惡劣！

選擇歐洲的古遺跡，雖然地點很遠，但畢竟是觀光地，到那裡也不會太辛苦。也就是說，這種人只是假裝對一件事很執著的樣子，欺騙周遭的人，本質上是非常惡劣的人！

D

準備好要投入，
但危險的事還是不太敢做

美國的荒野也是個很危險的地方，但跟亞馬遜叢林比起來還差了一些。所以，選擇美國荒野的你，其實已經準備好要投入，但旁人看來，你很可能會半途而廢。如果不更大膽一點，是沒辦法堅持下去的！

C

Question

問題
3

這個問題，請你仔細想二十秒後再回答。在「浦島太郎」這個童話故事中出現的四個角色，哪一個角色讓你最有同感？

A
受欺負，之後被解救的烏龜

B
解救烏龜的浦島太郎

C
招待浦島太郎的龍宮公主

D
打開玉匣後變老公公的浦島太郎

Answer

看到別人聲勢下跌，就瞧不起人

診斷你的「黑色優越感」

A

你的興趣是觀察，
特技是找出別人的缺點

選擇被欺負的烏龜，你其實非常討厭比自己還要有權力的人，所以，你會特別找出這種人的缺點，告訴自己：「他也不過如此！」用這種方式來安慰自己，讓自己安心。不想把偉人當成偉人，就是像你這樣的人！

B

對你來說，沒有用的人，
沒有生存的價值

會想要幫助烏龜，代表你習慣從沒有能力的朋友當中，獲得自己想要的優越感。你認為自己比朋友更優秀、更有能力，覺得自己擁有很多，並轉變成對朋友的關懷。但其實這樣的關懷，透露出你看不起人的態度！

C

別人的不幸，就是你的快樂！
同情心是你生活的泉源

浦島太郎還在海底的時候，龍宮公主就已經知道他將變成老公公，所以才會想要好好招待他。選擇這個答案的你，看到比自己不幸的人，就覺得自己還算幸運。對你來說，付出的同情心，就是你快樂生活的泉源！

D

看人90%都看外表！
從外表看不起人

選擇這個答案的你，其實沒什麼特殊才能，唯一有自信的就是自己的外表。會關注年邁的浦島太郎，透露出你對朋友的態度，就算看到朋友成功，你也會批評他們的外表變老或變胖，為的只是讓自己安心罷了！

Question

問題
4

在電車上，你被當成是色狼，被帶到車站的辦公室。可是，不管你怎麼否認，還是沒有人相信你，此時，你會怎麼做？

A
不放棄，否認到底

B
對站務員動怒

C
開始哭泣

D
認罪

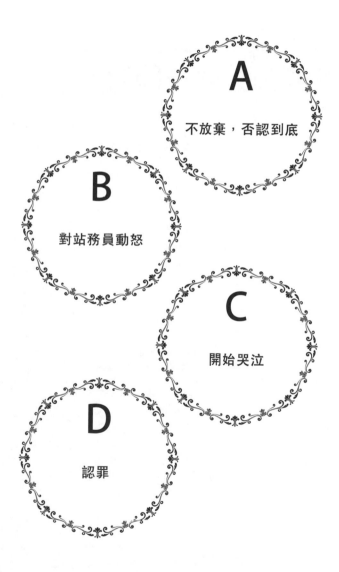

Answer

被冠上罪名的那一瞬間，反映出你給人的第一印象

診斷你給朋友的「第一印象」

B

一緊張就會失常！
屬於極度害羞的人

你無法控制自己情緒，遇到特殊情況，要你保持冷靜是件很困難的事。你會緊張到無法跟人打招呼，更別說是自我介紹了。因此，你給人的第一印象不會太好，要等到熟悉了以後，大家對你的印象才會改觀！

A

從不知道何謂怕生！
給人的第一印象極佳

否認到底，你絕對擁有這樣的權利，這也是很理所當然的行動。但是，在這種非比尋常的情境下，要堅持到底並不容易。選擇這個答案的你，不會害怕主動打招呼或做自我介紹，大部分的人對你的第一印象都是很好的！

D

以理性控制感性！
展現中庸之道

不管內心再怎麼緊張，也不會讓別發現。在第一次見面的場合，你會控制自己的情緒，表現得很冷靜，給人的第一印象就是「中庸」。雖然第一印象可以控制，但要維持是很辛苦的，因此到最後你可能會放棄這段關係。

C

存在感薄弱！
在家一條龍，在外一條蟲

和選擇B的人一樣，你也是無法控制自己情緒的人。在初次見面的人面前，你會很緊張，並表現在你的行為上。由於你非常的怕生，要適應新環境，或是與他人建立較深入的關係，都必須花很長的時間。

Question

問題
5

這題請憑直覺回答。你是美麗的白雪公主，在你離開皇宮，逃離壞皇后魔掌的途中，在森林裡迷路了。請問，你認為這是怎樣的森林？

A
很意外的，
非常漂亮

B
很意外的，
非常潮濕不舒服

C
與想像中完全不同

D
與想像中
大致相同

Answer

森林代表你無意識的狀態
診斷你是否有「雙重人格」

B

假裝活潑，
仍無法改變內心陰暗的性格

你可能想要表現得很活潑，但是朋友們卻從不領情。因為你的行為和你心裡想的完全不一樣，而且朋友們全都知道，「這個傢伙是個陰沉的人！」這句話已經烙印在你的身上很久啦！

A

神聖高潔的背後，
是強烈的自責念頭

你常常會很自責，覺得自己是很糟糕的人。但是在朋友們的眼中，你其實是心地善良的人。如果連心地善良的自己，你都覺得很糟糕，也不難想像，在你的內心深處，應該認為周遭每個人的心都是黑色的吧！

D

雙重人格度0%！
怎麼看，都只看得到表面

你的雙重人格程度非常低，想什麼就說什麼，或是直接採取行動，不會拐彎抹角，所以朋友也對你非常信賴。另外，你的朋友也都知道你不會說謊，所以跟你在一起會感到非常的輕鬆自在。

C

可能有點危險！
你自己都沒發現的雙重人格

你具有雙重人格，但是你自己並沒有發覺。在無意識中，面對不同的人地事物，你會把真心話與場面話分得非常清楚。為了保護自己，你也經常說謊。因為你很會做表面工夫，所以覺得你難搞的朋友應該不多！

Chapter 2

從「小動作」透視人心

仕草で読み取る人間心理

搓手可以給人積極的印象

透視力關鍵字　積極行為

人體中，關節最多，能夠做許多複雜動作的，就是我們的雙手了。而我們想要隱藏的心思，常常就會在雙手的小動作間流露出來。

有個簡單易懂的例子，那就是「搓手」。想對上位的人拍馬屁時，很多人會不自覺的搓手。另外，當我們心裡有所期待時，也會出現搓手的動作。因此，即使心裡並沒有期待，但是利用這個動作，可以讓對

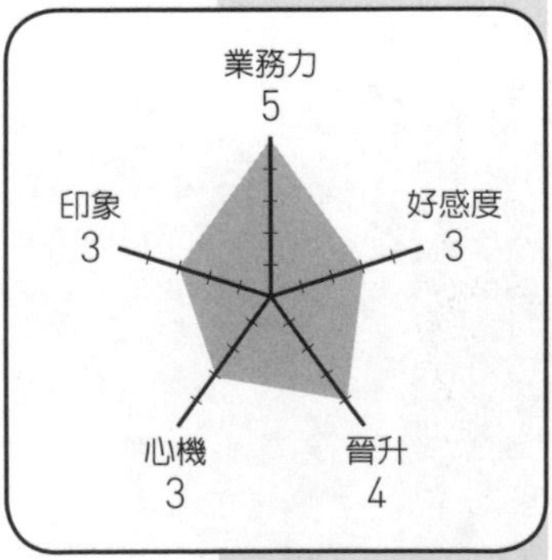

方覺得我們很積極。

反過來說，也有一些呈現負面訊息的手勢。例如，兩個人在談話的時候，對方的手在桌上互握，大家對這樣的姿勢會有什麼感受呢？即使沒有表現在臉上，但是這個小動作就給人負面的印象，因為覺得不安或不滿，才會以這個動作來防禦或保護自己。

雙手互握，代表不安或不滿的情緒；但如果是雙手指尖碰指尖，形成一個三角形，那就要注意了。這個小動作代表的是自信與滿足。如果在商談時對方出現這樣的動作，表示他對商談的內容或結果沒有不滿。但如果與同事談話時出現這樣的手勢，就有可能代表輕視或看不起對方的意思。

像這樣，雙手其實很容易透露出人的心理。我們可以從一個人的雙手動作來解讀他的心，但對方也可以用同樣的方式來透視我們。與人對話時，或許我們只是很自然的在與對方交談，但很可能無意識的就做出雙手互握的舉動，還是要多注意！

心理 POINT

在同事面前，千萬別擺出雙手互握的姿勢！

雙腳打開、靠在椅背上的人，處於放鬆狀態

透視力關鍵字 放鬆程度

平常上班時，有些人坐在椅子上會把雙腳打開，整個人靠在椅背上，通常會出現這種坐姿的，都是被稱為「上司」的人。也許你會覺得，只有上司才敢這樣吧！不過，你有沒有想過，為什麼他們會這麼做呢？

我們從一個人的姿勢，就能夠判斷他放鬆的程度。例如，各位在與好友在聊天時，基本上都是放鬆的，以最自然的姿勢在說話。但是，與嚴厲的上司開會，或是與

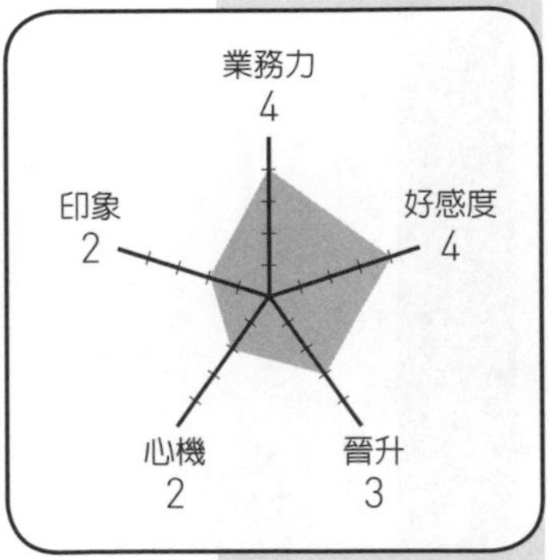

客戶交談，而且談話的內容絕對不能出錯時，就會挺直背脊，處於備戰狀態。會有這些反應，說穿了就是動物本能。如果我們感覺「對方是安全的」、「把自己交給對方沒有問題」，身體就會呈現開放、沒有負擔的姿勢。相反的，如果我們覺得「對方是危險人物」、「需要保護自己」的時候，身體就會稍微前傾，並且採取封閉的姿勢。

善用這一點，你可以透過身體表現出很有自信、很積極的樣子，或是表達出尊敬或敬畏對方的態度。但要是運用不當，有可能將自信演成自傲，將尊敬演成諂媚，要多注意才行。

另外，我們也可以從姿勢來分辨人與人之間的關係。有時候光看體型或表情，很難判斷眼前兩個人的關係，但是，觀察他們面對彼此時的態度，包括身體的姿勢、用力的程度等，如果可以注意到這些小細節，就可以判斷他們的上下關係，這對商談有很大的幫助！

心理POINT

從身體姿勢和手腳的開放程度，可以知道對方緊不緊張！

不自覺碰觸自己身體的人，代表正承受著壓力

透視力關鍵字　自我接觸

每個人都會有一、兩個習慣性的小動作，即使長大成人，還是有人會挖鼻孔、抓胯下或彈手指。嬰兒時期，肚子餓了，或是覺得寂寞的時候會吸吮手指，當心情煩躁時會咬指甲等等，這些小動作都會碰觸自己的身體，這在心理學上就稱為「自我接觸」或「適應行為」。

這些行為主要是小孩子在心智發展尚未完成的階段，面對外界壓力不知道該如何

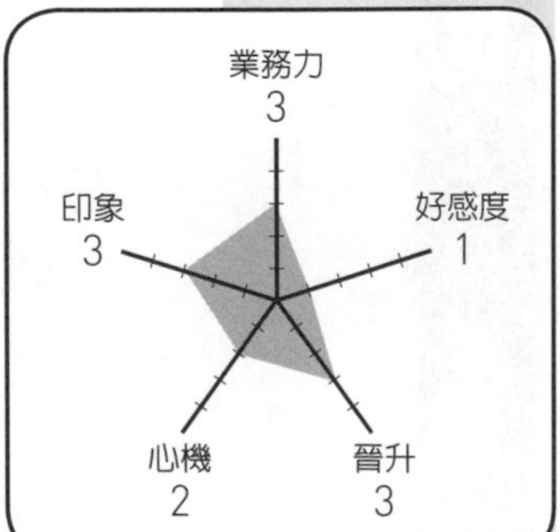

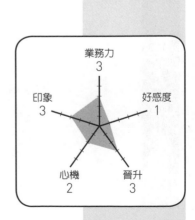

處理時，出於本能的防衛動作。隨著年齡增長，再加上大人的指正，這些行為會逐漸消失，但是當壓力超出承受的界限時，過去的一些小動作就會冒出來。

像是抓頭或摸下巴，這些好像沒什麼大不了的習慣動作，都是「自我接觸」。有些人即使長大成人，還是會出現兒時的小動作，例如吸吮手指、咬指甲、挖鼻孔等等。出現這些兒時的小動作，代表這個人的抗壓性不足，已經開始出現本能的防衛反應。

即使只是平常的小動作，只要多加留意，觀察這些小動作出現的時間點，應該就可以掌握對方的抗壓性，了解他在怎樣的情況下會感受到壓力。假設各位是上司，在斥責部下或帶領團隊時，若是能從這些小動作看出問題點，相信能更有效率的處理人與人之間的關係！

心理 POINT

讀懂別人小動作，人際關係也會變好！

用指腹摩擦鼻子，代表對目前的話題沒有興趣

透視力關鍵字　意識的表現

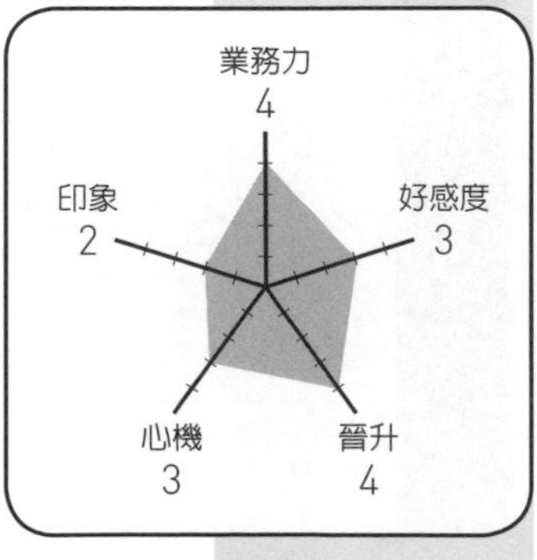

小動作中，也有像「摸鼻子」或「摩擦鼻子」這類的小動作，看似平常，大家身邊應該多少也有人有這些習慣動作。

這類小動作的背後也有它代表的意思，有時候是間接表達拒絕，有時候是顯示內心的緊張，有時候也代表這個人是有自信的。為了不讓別人發現自己內心的想法，本人或許會用「只是習慣動作而已，沒什麼」來轉移對方的疑慮。

和其他小動作一樣，出現這些小動作的時候，通常都是腦袋空白的瞬間。覺得無趣、已經不想再聽對方說話，想打斷他的時候，就有可能會無意識的摩擦鼻子。一個人發呆時，手指都插進鼻孔裡的人也有，但這樣實在太引人注目，所以通常不會在人前做出這樣的舉動。不過，摩擦鼻子的動作因為沒有什麼不自然的地方，就會不自覺的碰鼻子。

另外，容易害羞的人，要在大家面前發表意見的時候，也有可能會出現類似的小動作，代表他當下的心境是「如果可以的話，想逃離現在的狀況」、「腦袋已經一片空白」。

與人交談時，如果對方頻頻碰鼻子，在對方主動提出之前，先改變話題吧。如果是與客戶交涉，就盡可能改變條件；如果是閒聊的話，就換個話題吧。因為要是無法吸引對方的興趣，就無法做有效的溝通。這些小動作其實很明白的表示對方目前的想法，如果你有辦法看清，就是逆轉狀況的好機會！

心理POINT

如果對方摸鼻子，就換個話題吧！

手碰嘴巴，代表心裡很緊張

透視力關鍵字　自我親密行為

有些人在思考事情的時候，手會放在嘴巴上，在心理學上，這個動作隱藏著一個很重要的暗示。

重點並不在於嘴巴，而是「嘴唇」。手輕碰嘴唇，或是吸吮手指、咬指甲，當然，後兩者的行為不太會在人前出現，這類與嘴唇相關的小動作，我們稱為「自我親密行為」。出現這樣的行為，通常暗示著內心的緊張。

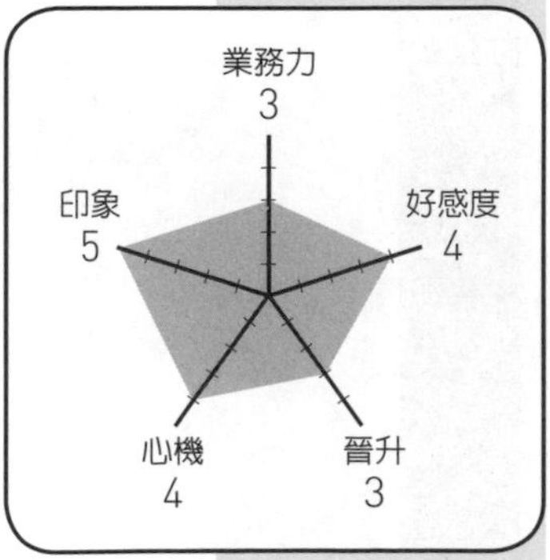

這樣的小動作與我們幼兒時期的授乳經驗有絕對的關係。剛出生，還無法自力生存的幼兒，經由母乳得到營養和飽足感，也得到心靈的平靜，直到長大成人，仍深受影響。奶瓶的形狀設計，也是為了讓幼兒在喝奶的時候能夠獲得安心。

當我們忙碌的時候，需要比平常更快、更正確的判斷，承受的壓力也比平時要來得大。在這種時候，為了尋求安心，常常會無意識的碰觸嘴唇，不一定是用手，用筆碰觸嘴唇的人也不少。要注意的是，這個動作看起來像是在思考事情，但更多的是為了尋求安心，也透露出一個人內心的不平靜。

會想利用這個動作獲得安心，也代表問題還無法解決。如果看到有人出現這樣的舉動，不妨開口問候一聲，泡杯咖啡遞給對方，或是輕拍他的肩膀，這時候他正需要一些外部的親密動作。如果對方因為你的這些動作，手就移開嘴唇，表示他很信任你，想依賴你。當對方已經透露出自己處於弱勢時，千萬別忽略了他的暗示。

心理POINT

能夠獲得療癒與安心的替代物品，就是「手」！

會仔細看對方名片的人，代表他很關心

透視力關鍵字　相似性

在社會上工作的人，一年會交換好幾次名片，因為太過稀鬆平常，對大家來說就像是例行公事般。下次交換名片的時候，不妨多注意對方的眼神。

確認對方的名字或所屬部門當然很重要，但是不要馬上將名片放在桌上，再仔細觀察名片，說不定能夠發掘其他的話題。例如對方的名字、名片的設計，或是公司的所在地等等，不光是蒐集情報，找到兩人之間

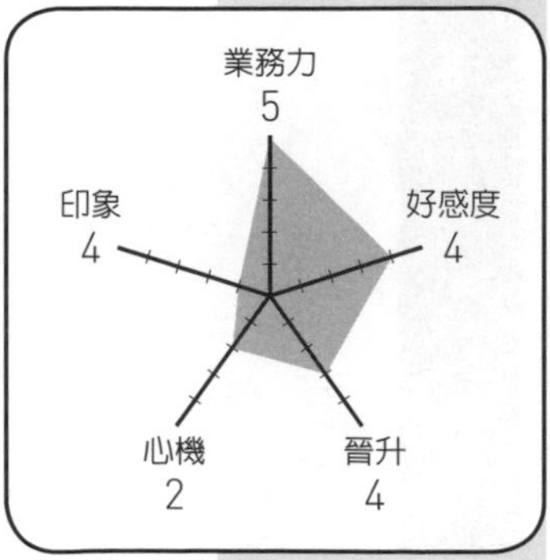

的共通點，也能讓對方感受到自己的關心。

一般來說，已經熟悉的客戶就不需要交換名片，可以直接切入主題。但對於初次見面的人來說，比起談公事，更重要的是如何讓對方對自己有好感。

另一方面，遞出名片的人，看到對方表現出對自己的關心的同時，也必須做出適當的回應。公事優先，直接切入主題也不是什麼壞事，不過，如果想要建立長期的關係，從交換名片的那一刻起就要好好認識對方。

在交換名片時就留下好印象

找出兩人之間的共通點，對方會比較容易敞開心房。

心理 POINT

重要的是，找出名片上沒寫出來的情報！

雙手環胸，手肘向上的人，正展現防衛本能

透視力關鍵字
防衛動作

假設我們在對客戶說話時，客戶雙手環胸，即使從對方的表情和說話的語氣無法判斷，我們還是可以得知他的想法。

來說明一下雙手環胸的動作會給人什麼樣的印象。前面介紹過，雙手環胸，是為了要保護自己，或是為了壓抑自己的情緒。但他究竟是想保護什麼？我們可以從對方雙手環胸時，手肘的方向來判斷。手肘向下，代表他是抱著敬意或善意，想壓抑自己緊張的

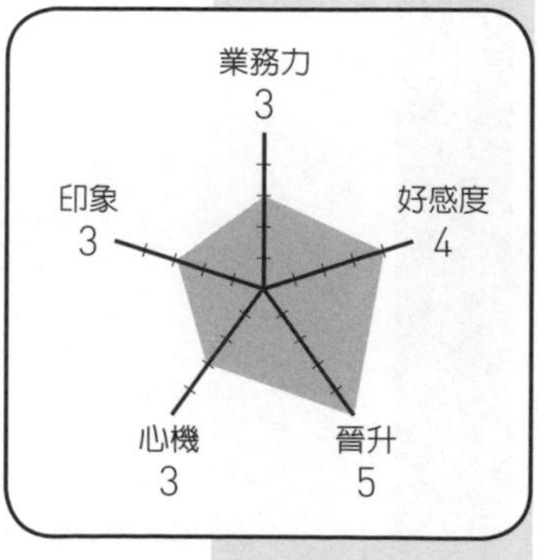

情緒。純粹是因為緊張，並沒有惡意。

但是，如果對方的手肘向上，那就要注意了。實際做這個動作就知道，要把手肘往上抬，肩膀必須出力才行，也就是帶著防衛的感覺。對方應該是懷著戒心，想保持距離，才會出現這樣的舉動。當對方出現這種動作時，不管正在談什麼話題，應該都很難有好的結果。

只是，不管手肘向上或向下，這個舉動有個共通的心理，那就是暗示對方現在其實很緊張。如果知道這種緊張感是來自於敬意的話，我們就可以用輕鬆的態度面對。相反的，如果對方對我們有戒心，就必須先卸下武裝，配合對方的步調，緩解他的緊張感。

像這樣，掌握對方的心理狀況，控制現場氣氛，對方一定會願意敞開心房。這個技巧不只適用於商場，在生活中也可以好好運用。

心理POINT

面對一個緊張的人，我們用更輕鬆的態度面對！

一邊講電話，一邊鞠躬道歉的人很正直

透視力關鍵字｜圖解式動作

工作上犯了錯，打電話向對方賠罪：「真的非常的抱歉，造成您的困擾……」一邊講電話，一邊宛如對方就在自己面前一樣鞠躬。各位是否也會這樣呢？但對方又不在面前，這樣的行為實在很不能理解吧！

其實，這代表著一個人真心誠意想跟對方道歉，因為心裡覺得必須認錯，才會顯現在行為上。算是「副語言」的一種，也稱作「圖解式動作」。

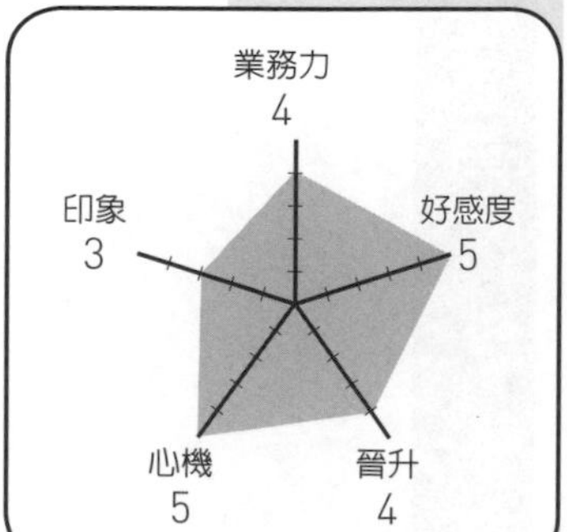

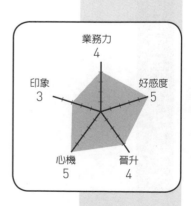

如果一個人嘴巴說著「很抱歉」，卻沒有低下頭來，這代表什麼意思？應該不難想像，那就是他心裡根本沒有道歉的意思，只是嘴巴上說說而已。即使對方在電話的另一頭，也會很自然的低下頭來，乍看之下好像是沒有意義的舉動，其實是強調自己想要道歉的心情。

只是要注意，如果一個人每次都是重覆相同的舉動，也就是已經成了習慣動作時，這樣的行為可能就沒有實質意義。

的確，向在電話另一頭的人鞠躬，看起來很滑稽，不過，考量到當事人的心理狀況，這樣的行為其實很自然。雖然對方看不見，但就是因為很直接的傳達心中的歉意，所以才會這麼做。反過來說，如果一個人打電話道歉時，仍舊是態度傲慢，這樣的人我們才要多注意。

心理 POINT

正因為是誠心誠意的道歉，才會自然的低下頭！

有事拜託別人時，對方咬下唇就代表「不願意」

透視力關鍵字　危險信號

當我們感到後悔或生氣時，有時候會咬下唇，其實還有一種狀況，也會用這個行為來表現。舉個例子來說，你有一件事想請別人幫忙，對方雖然說：「我知道了！」卻在下一瞬間緊閉雙嘴，或是咬下唇，其實是很明顯透露出他的不滿與壓力。

對方其實也知道這樣的舉動會被看到，但還是不自覺的將自己的不滿表現出來。由於無法用言語來表達心中的不滿，才會用

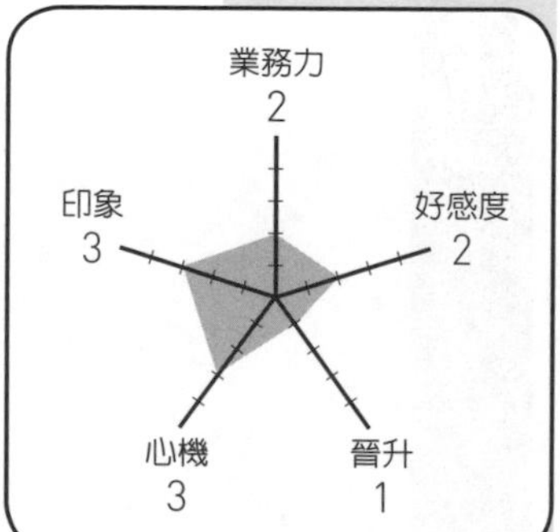

這種行為來表現。一邊壓抑著自己，不能表現出憤怒或不滿，一邊又突破自己的心理障礙，不自覺的咬下唇，這個小動作在人際關係上可以說是相當危險的信號。

一般來說，我們都希望事情能夠順利進行，不要引起紛爭，為了達到這樣的目的，有時候也必須將不滿的情緒往肚子裡面吞。在了解一點的情況下，仍舊將不滿表現在臉上，表示當事者的耐性已經到達了警戒線。這個動作其實正在警告對方，再一步就要爆發了！

即使對方心裡很清楚這是沒有辦法的事，但是出現咬下唇的動作，就是他已經在勉強自己的證據。到最後，情緒的爆發，只是時間的問題而已。

當你發現對方出現這樣的態度，首先要做的就是讓對方看到自己感謝或抱歉的心意。當然，具體的協助也是必要的，放低自己的身段，是暫時緩和對方的憤怒與不滿的方式。但如果是自己出現咬下唇的動作，找個方法宣洩情緒是很重要的！

心理POINT

「咬下唇」是暗示壓力已經到了極限，千萬別忽略了！

Test

了解自己的心理測驗②

本当の自分がわかる心理テスト

問題
6

朋友來家裡玩時，你拿出相同顏色的馬克杯請大家喝飲料。請問，你會選擇什麼顏色的馬克杯呢？

Question

A

清爽的綠色

B

柔和的粉色

C

黑或白的單色

D

青或藍的冷色

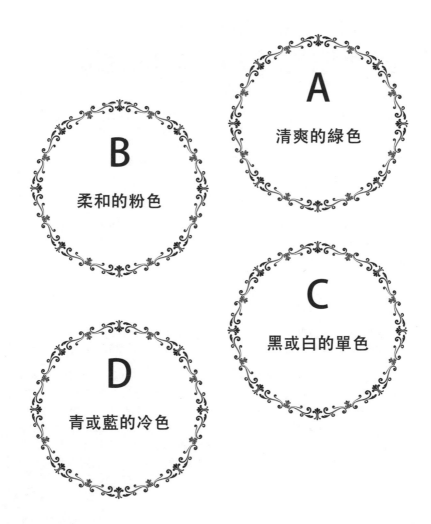

Answer

從選色看出你對人際關係的價值觀

診斷你「討厭人群」的程度

B

相信人性本善的和平主義！
討厭人群程度0%

喜歡柔和顏色的你，討厭人群程度0%。不管對方是誰，你都可以相處愉快，都想跟他成為好朋友。你對人用情至深，也很珍惜與人之間的溝通。但也因為你跟每個人關係都很好，反而讓人覺得不可靠！

A

你想逃離喧囂的都會！
討厭人群程度50%

綠色是代表環保的顏色，表面上看來，是充滿對這世界充滿關愛的色調。選擇這個顏色的你，跟人群相比，其實你更愛大自然。但如果你是想給人愛好大自然的形象的話，又隱約可見你內心精於算計的一面！

D

人際關係只是做表面！
討厭人群程度80%

選擇冷色系馬克杯的你，雖然表面上笑笑的，但是對你來說，與人相處應該不是那麼開心的事。其實你比較想自己一個人獨處，你真正的想法應該是「根本就不需要朋友，一個人也可以很開心」！

C

最好人類都從地球上消失！
討厭人群程度120%

選擇這個顏色的人，心裡很希望最好不要與人交際，只想自己一個人生活就好。因為你只在乎自己，而且盡可能的想遠離人群生活，所以別人怎麼看你，對你來說一點都不是問題！

Question

問題 7

在生日那天，你收到一部超級機器人，它能夠記住人類的語言，幫忙照料家裡。你教這部機器人的第一句話會是什麼呢？

A

「早安！」

B

「我是○○。」
（機器人的名字）

C

「你好，△△先生。」
（你的名字）

D

你回來了！

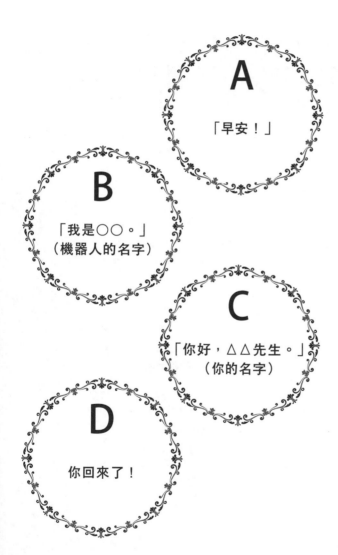

Answer

即使外表笑著，內心是苦澀的

診斷你有多「自閉」

B 你把自己封閉起來！自閉程度100%

你希望機器人首先要會講自己的名字，表面上好像是很合理的行動，但是，如果你不跟它互動的話，就只是單方面的溝通。也許最近發生的事情令你感到疲憊，找個能讓自己放鬆的對象聊聊吧！

A 你很重視溝通！自閉程度0%

即使是機器人，你也把它視為是有人格的，尊重它，期待能與它溝通。選擇這個答案的你，是個身心非常健全的人。你會積極的想和其他人溝通、互動。簡單來說，你會讓自己的生活過得非常充實！

D 「淺而廣」的關係，不如「深而窄」！自閉程度30%

你期待機器人可以說出「你回來了」或「我在等你」，對你來說，並不是誰都好，你只希望跟真正在乎你的人交流。你其實非常渴望他人的溫暖，所以與周遭的人的關係是無法完全切斷的！

C 可以的話只想待在家裡！自閉程度60%

讓機器人先學會叫自己的名字，代表你溝通的對象只限於家裡的人。你其實有點怕生，所以交友的範圍不廣。但是，人越成長，溝通的對象並不能只限於家裡的人，盡量擴大自己的人際圈吧！

Question

問題
8

當你拿著IC票卡要通過車站閘口的時候，前面的人不知道做了什麼，警示聲突然響起。但那個人卻繼續往前走，這時你會怎麼處理？

A
自己沒有做錯事，所以馬上離開現場

B
覺得有點狼狽，站在原地不動

C
向周圍的人說明，前面的人逃走了

D
請站務員出來，說明事情的緣由

Answer

無路可退時，會表現出真正的自己
診斷你有多「沒責任感」

就像等待別人拯救的公主！
無責任感程度70%

一遇到困難，你的腦袋就停止思考，但是這樣並無法解決任何問題。遇到問題的時候，如果你只是覺得狼狽，而沒有作為，實在不夠成熟。你不能只是等別人來處理，應該要訓練自己有解決問題的能力！

不想跟麻煩扯上關係！
無責任感程度100%

三十六計走為上策，抱持這種想法的你，無責任感程度100%。你會盡可能與麻煩事保持距離，這種切割的態度，身邊的人都覺得你很自私。即使是別人的問題，也應該像個大人好好處理，就算是裝一下也好吧！

具有領袖氣質！
無責任感程度20%

你可以冷靜判斷「這種事經常發生」、「請站務員來處理就好」，是非常成熟的做法。不逃跑，也不造成周圍的混亂，這樣別人也不會懷疑你。展現責任感的同時，就某方面來說你也是個城府不淺的人！

不想當壞人的秀才型人物！
無責任感程度40%

因為擔心遭受責罵，便大聲強調錯不在你，反而造成周圍的混亂，就常識來看，這不是一個成熟大人的行為。只是為了保護自己而採取行動，實在很沒有責任感，而且很自私。你應該學習掌握狀況，冷靜判斷！

Question

問題 9

你和好友共七個人要拍一張紀念照，大家決定前面站三人，後面站四人。請問，你會選擇站在哪個位置？

A 前排中間的位置

B 前排的左邊或右邊

C 站在後面，擺出誇張的姿勢

D 站在後面，姿勢一般

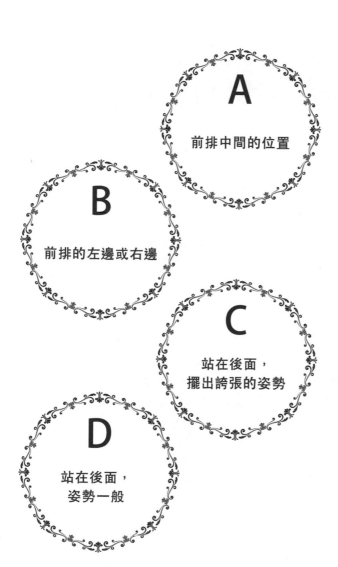

Answer

照片中的位置，顯示你心中自戀的程度

診斷你有多「自戀」

覺得自己是名參謀！患有自戀症候群

會站在前排的左方或右方的人，基本上希望自己是中心人物的左右手。在潛意識中，你認為自己有足夠的能力去輔佐中心人物，不管是在工作方面或運動方面，是個隱性的自戀者。

B

即使不說話，仍散發出主角的氛圍！是非常自戀的人

選擇站在前排中間，你對自己的容貌很有自信，覺得自己就像一朵花。不管是否真是如此，但是無庸至疑，你是非常自戀的人。你會無意識的展現出如巨星般的行為，對於自己的言行舉止，還是要檢討一下比較好！

A

不管到哪裡都只看現實！是極端的現實主義者

外表不起眼的你，不愛出頭，也不喜歡表達自己的意見。對你而言，維持和平關係才是最重要的。你對很多事情都不會太執著，乍看之下就像是局外人，但是你的朋友都很信賴你，在重要時刻是值得依靠的對象！

D

想被認為是個「怪人」！就快要有自戀傾向

你喜歡在人前耍壞，就快要有自戀傾向。你心目中的偶像也是個性派的人，而且你一直認為自己跟別人不一樣，覺得自己很特別。只是，旁邊的人看你就只是平凡的咖而已。別忘了，每個人的個性都是天生的！

C

Question

問題
10

你和一群朋友相約見面，其中有一位朋友說他會遲到。請問，你會怎麼跟其他人說這位朋友遲到的事呢？

A
「再等他一下吧！」

B
「我還特地提醒他了！」

C
「沒辦法，他就是這種人！」

D
「我應該沒有說錯時間吧？」

Answer

大家對你的哪一點已經很厭煩了？
診斷你「個性有多差勁」

B

說話時常轉入「單行道」！
有不聽別人意見的溝通障礙

對你來說很重要的約定，對別人來說可能是出於無奈。喜歡強迫別人的你，根本不在乎互相討論這種事。如果你願意多傾聽別人的意見，謙虛待人的話，一定會成為大家心目中能夠控制場面的人！

A

說是溫柔，其實是優柔寡斷！
愛拖延的個性讓人發火

遲遲下不了決定的態度，讓大家對你貼上「優柔寡斷、欠缺決斷力」的標籤。你過於溫柔的個性已經變調為優柔寡斷，周遭的人都不知道該說什麼才好。你要訓練自己的決斷力，學習掌握狀況，做最好的行動！

D

扮演弱者以迴避紛爭！
卑微的消極主義者

沒有遵守約定本來就不對，你卻把所有過錯都往自己身上攬，想把大事化小、小事化無。出發點也許是善意的，但是旁人來看，你這種做法也不會讓人比較開心。要是每天都有這種事情發生，也會讓人覺得不爽！

C

相信全世界都繞著自己轉！
以自我為中心

你認為什麼事都是別人的錯，朋友準時赴約也沒一聲好氣，對遲到的朋友更是只有責罵。對於別人的立場與情緒你沒有絲毫體諒，大家已經感到厭煩了。如果再不試著開拓自己的心胸與視野，討厭你的人會越來越多！

Question

問題 11

在登山的途中，你不小心跌落山谷，迷失了方向。此時，突然出現一絲希望，你相信自己一定能因此獲救。請問，這時候出現在你眼前的是什麼呢？

A 直升機

B 導覽看板

C 其他登山客的帳蓬

D 搜救犬

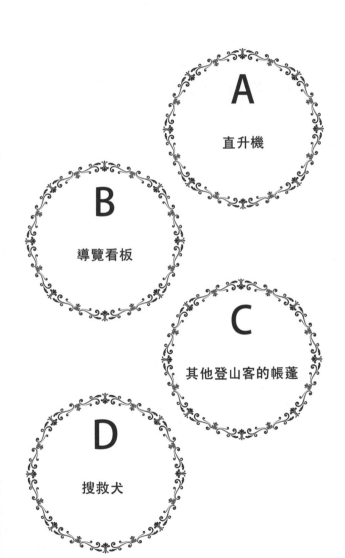

Answer

極限狀態下的救助＝你的欲望
診斷「朋友做什麼會惹你生氣」

B

什麼事都靠自己解決！你是個孤僻、討厭人群的人

你絲毫不管其他人的存在，如果有人想打探你的隱私，侵犯到你的私生活時，你會產生非常激烈的抗拒反應。像是詢問你週末的計畫，或是偷看你的電腦螢幕，你會不自覺的對這樣的人產生厭惡感！

A

情願被朋友討厭，也不要被忽視

選擇出現在高空中的直升機，代表你喜歡受到注目，也很享受這種快感。你非常討厭別人忽視自己的存在，如果這樣，你寧可被討厭。因此，你常做出一些引人注目，但可能讓人生氣的事情！

D

常識對你來說都是狗屁！你只想走自己的路

選擇動物的你，其實不太受到社會束縛，是個熱愛自由，喜歡無拘無束生活的人。如果朋友對你說「這是常識」或「大家都這麼做」，用這種一般論指責你，你會很抗拒，並且激烈的反駁他們！

C

不允許有異議份子！不管做什麼都要在一起

選擇有其他人存在的帳蓬，代表你的團隊意識很強。如果有人想要脫離團隊，你會很不開心。女性的話，會希望吃飯、上廁所都要在一起，有時也會讓人覺得厭煩。對你來說，在團隊競賽等團體活動中，更能發揮你的才能！

Chapter 3

從「對話」透視人心

会話で読み取る人間心理

總是以正面和人說話，是想保護自己

透視力關鍵字　姿勢

剛進公司的新人，被社長叫進辦公室，與社長面對面坐著。請各位想像一下，在這種情況下，兩人的坐姿會是什麼樣子呢？

「社長應該是靠在椅背上，雙手張開，說不定還會翹腳！」「至於新人嘛，應該是身體前傾，雙手放在大腿上，整個人很緊繃的坐著。」大家腦海中的景象，是不是跟我想的一樣呢？

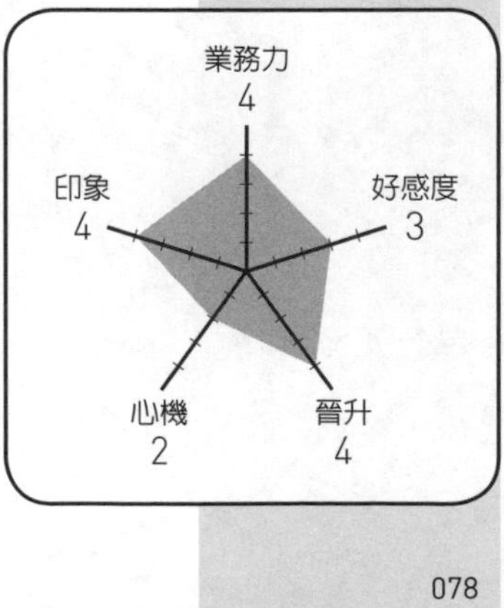

就像這例子中的社長與新人，兩個人面對面時的姿勢，可以反映出他們在社會體系中的上下關係。不只是坐著，站著的時候，從身體的方向也可以看出彼此之間的關係。如果對方以正面和你說話，各位認為，他的心裡是怎麼看你的呢？

以正面看著你，代表他心裡很緊張，想保護自己。也就是說，對方認為自己是處於弱勢的。如果一個人認為自己處於強勢，就不需要擔心「保護自己」這件事了，他可以側身，甚至背對著你，用比較輕鬆的方式和你說話。

職場或打工場所的後輩，如果已經共事一段時間，對方跟自己說話時都還是正對著你的話，那就是他們心裡緊張的證據。此時，讓後輩能夠放輕鬆，是前輩應該做的事。但是相反的，如果一個後輩跟自己說話時，沒有正對著你，總是側身或背對著你，就代表對方根本沒有把你放在眼裡。這時，就應該讓他看看前輩的威嚴！

心理POINT

認為自己處於弱勢，才會採取防衛姿勢！

老是在你面前說錯話的人，代表他不重視你

透視力關鍵字　被壓抑的無意識

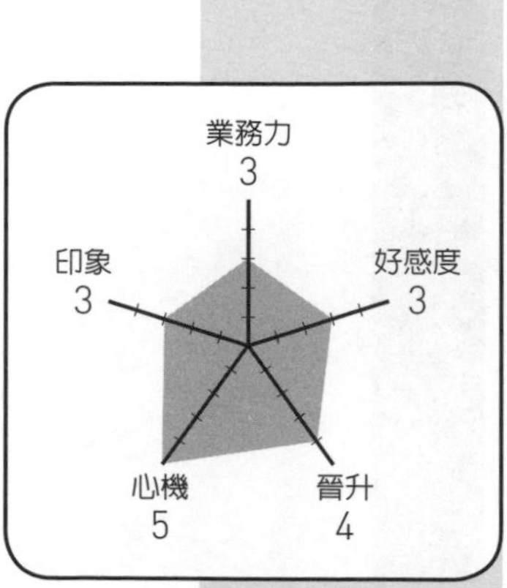

一起工作好幾年的部下，上司還叫錯他的名字；或是，年齡差距很大的下屬，對上司說話時，突然忘了用敬語。各位是否見過類似的情景呢？還是其實曾經發生在自己身上呢？會出現這樣的錯誤並非偶然，而是表現出對方深層心理對你的看法。

人在非常放鬆的狀態下，以及極度緊張的狀態下，很容易犯這樣的錯誤。平常隱藏起來、受到壓抑的真心，在一時之間不受控

制的表露出來。

如果一個後輩或部下經常在上司面前說錯話，他心中也許是認為：「這個上司無法令人信服！」看不起上司。如果老是被同一個人叫錯名字，他在無意識中也許是這麼想的：「這個人對自己不重要，不需要記名字。」「這個人真的很討厭，不想記住他的名字。」

說錯話的行為，代表一個人的深層心理，提出這個學說的是精神分析大師佛洛依德，他為後進學者帶來很大的影響。根據佛洛依德的說法，除了說錯話的行為，忘記與他人之間的約定，或是忘記把東西放在哪裡，這些行為也都反映出一個人的深層心理。

如果你的下屬時常忘記你交待的事，很可能不是因為他健忘，而是他在內心深處其實是看不起你的！

心理POINT

平常隱藏起來的真心，會表現在行為中！

犯錯馬上道歉，不是真心反省

透視力關鍵字　逃避壓力

人都會有犯錯的時候，犯錯之後的態度與行為，才是重點，而且可以很明確的看出一個人的個性。犯了錯時，會不會好好道歉，是判斷一個人個性的關鍵。

只是，即使道歉了，也不代表他有在反省。沒有多說藉口，立刻道歉說「對不起」，表面上態度是相當誠懇，看起來好像很認真在反省。當然，有些人是真心在反省自己的過錯，但也有不少人是因為不想被責

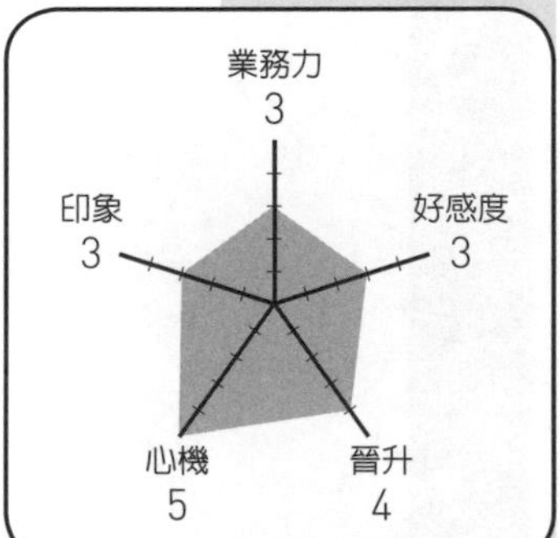

罵，所以才趕緊道歉。

這樣的人，其實自尊心比誰都強，他們絕對不允許「因為犯錯而遭受責罵」。他們只是為了盡早逃避這樣的壓力才道歉。

如果一個人真的有在反省，不管會不會被別人當成是藉口，也會說明一下自己犯錯的原因。但是，沒有在反省的人，只想著該如何逃避當下可能會被責罵的壓力，於是就立刻道歉，而沒有進一步思考為什麼自己會犯下那樣的錯誤。

在各位的職場中，如果部下或晚輩在工作上犯錯，必須指導他們的時候，先讓他們說明一下為什麼會犯下這樣的錯誤。那些自尊心強的人，不會去深究自己犯錯的原因，應該沒辦法好好說明。

心理 POINT

因為自尊心強，只是表面上道歉而已！

面對反駁到底的人，要改變說服他們的方式

透視力關鍵字　抗拒理論

在職場上，當自己成為上司或前輩時，有時候必須指導部下或後輩，例如，「碰到這種情況，你這麼做是不行的，要這樣做才對！」不過，面對這種指責與說教，有一些人就是會想反抗。

請大家回想一下自己年幼的時候，本來心裡已經在想：「要趕快念書了！」這時又被父母親催促說：「快點去念書！」被父母這麼一唸，反而沒有了念書的動力，各位是

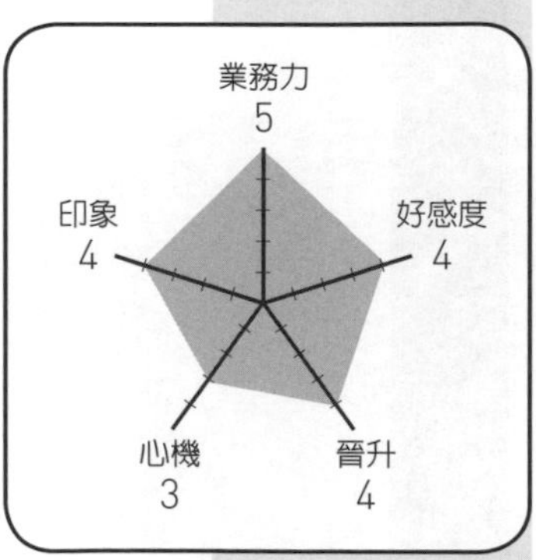

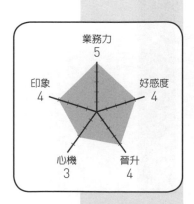

否曾經有這樣的經驗呢？

這在心理學上稱為「抗拒理論」，也就是不願意順從對方要我們做的事。因為說服的話語，會讓人覺得自由受到干涉，而產生想要反抗的念頭。

要說服這種時常出現抗拒心理的人，方法有很多，像是褒獎對方的「褒獎法」；怒斥對方的「威嚇法」；讓對方有學習對象的「宣傳法」；協助對方，讓對方認同自己的「模範法」；或是不斷低頭拜託的「哀求法」等等，可以根據對方的個性，改變說服的方式。

心理 POINT

因為感到自由被剝奪，才會想反抗！

人的抗拒心理

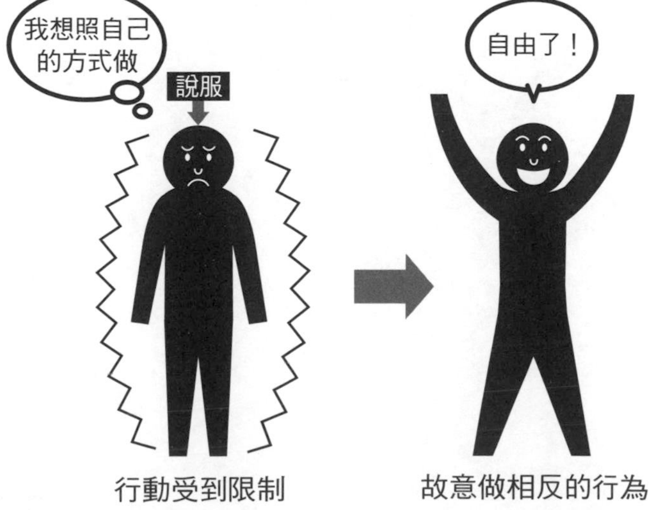

會很得意「見到名人」，只是想提高自己的身價

透視力關鍵字　光暈效應

偶然見到藝人或運動選手等名人時，會很自然的想跟大家吹噓一下：「剛剛我在路上碰到○○喔！」不過仔細想想，也就是碰巧在路上看到而已，為什麼會感到自滿呢？實在讓人覺得不可思議。

這種自滿的反應，在心理學上稱為「光暈效應」。和名人等有魅力的公眾人物扯上關係，可以讓自己也跟著變得有魅力。換句話說，就是透過與名人之間的關係，提高自

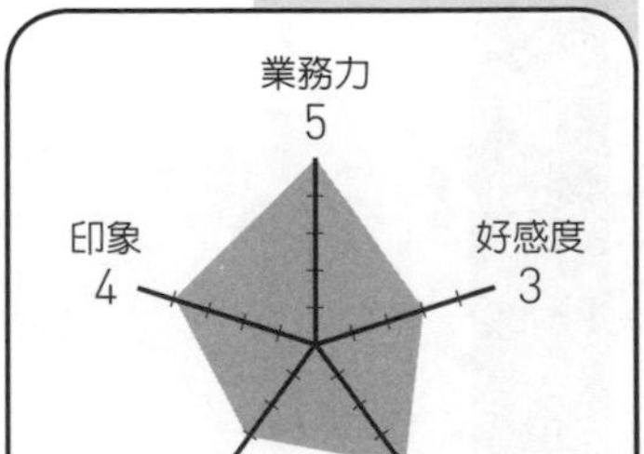

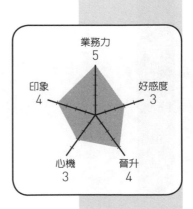

己的價值。

其他像是「開高級房車」或「拿名牌包」等等，也都是「光暈效應」，透過名牌的價值，來襯托並提高自己的身價。

另外，交到正妹女友的男性，會想帶著女朋友到處走，這其實也是「光暈效應」的一種。曾經有人做過實驗，讓平凡的B男帶著一位美女來見A男，再問A男對B男的印象如何，A男的答案是「很有魅力的男性」。根據這個實驗的結果，我們可以知道，帶美女上街，也可以間接提高自己的身價。

在路上看到名人，每個人或多或少都會想要吹噓一番，這其實還隱藏著另一個動機。得意的說出：「我在路上碰到〇〇喔！」藉由名人來提高自己身價的同時，如果又繼續透露：「其實那個名人……」展示自己知道別人所不知道的事情，是想藉此來獲得優越感。如果在你面前吹噓的人是自己的上司，不妨就讚美他一句：「您真厲害！」

心理POINT
利用名人的魅力來提高自己的身價！

對方的手一直動來動去，表示他沒把你的話聽進去

透視力關鍵字　簡單的刺激

在公司內部的會議中，上司看起來很專心的在聽你發表企畫。只是幾天後，當你想找上司討論一些事情時，才發現上司根本就不知道企畫的內容……

大家有沒有這種經驗呢？對方看著你，也不見得有在聽你說話。那麼，我們要怎麼判斷對方到底有沒有把我們的話聽進去呢？其實可以觀察對方的手。

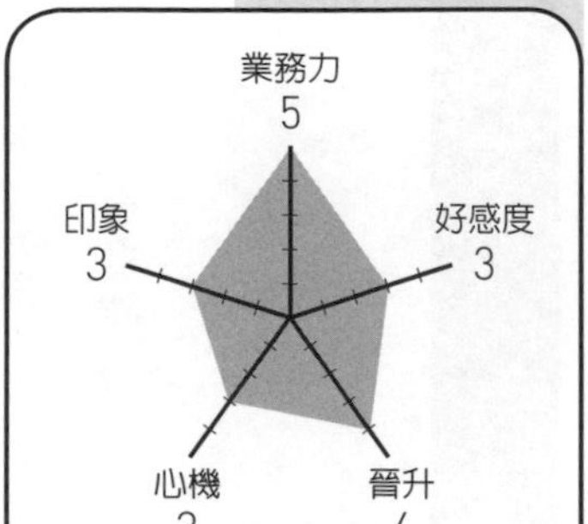

無聊的時候，我們會無意識的追求刺激，不自覺的拿起什麼東西來撥弄，用一些簡單的方式獲得刺激。不知道各位是否有類似的經驗呢？實在沒有事情可做，只能放空時，回過神來，發現自己的手一直在擠壓氣泡紙。

在會議中，無意識的反覆打開又關上手機蓋，或是一直翻動手中的資料，這些行為就等同於發呆時手去擠壓氣泡紙一樣。也有些人會在紙上寫東西，如果是記錄會議上大家的發言那還好，但如果只是畫一些沒有意義的符號，那麼，這個人在作白日夢的可能性就很大了！

如果在你面前的人，雖然看著你，但是手一直有其他的動作，此時，你應該在對話中加一句：「這點希望你能夠注意……」加強自己的語調與重音，把對方的注意力拉回來。

心理POINT

確認對方手的動作，判斷對方是否有在聽自己說話！

如果對方的視線朝下，就代表拒絕你的要求

透視力關鍵字　眼神交會

有事拜託別人時，如果對方避開眼神交會，視線朝下，即使沒有說出「不要」或「不行」，但也已經表現出否定或拒絕的意思。

眼神交會，是表現善意的行為。如果對方不願意與你眼神交會，表示他對你沒有好感，或是因為某些心理狀況不想與人對視。工作上有事情想拜託同事幫忙時，如果同事的視線朝下，並且說：「不好意思……」就

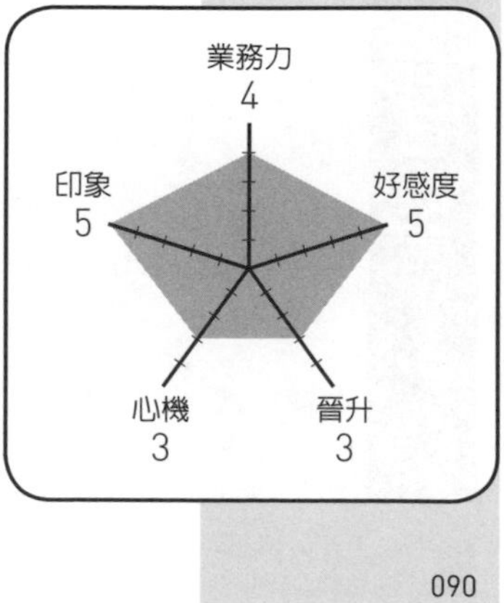

回到自己的座位上，那就是很強烈的拒絕。

不過，即使對方的視線朝下，但目光還會稍微看一下你，表示還有交涉的空間。減少一些交辦事項，或是延緩交期等等，如果我們先讓步，讓對方卸下心防，也許對方就會仔細聽我們的請求。

另外，從雙方眼神交會的次數，也可以推斷對方對自己或交辦事項的想法，藉此來修正自己請求的方式。

用工作來解釋是比較容易了解，但這在戀愛關係上也是很受用的。想知道自己喜歡的人對自己是什麼樣的想法，也可以從對方與自己眼神交會的次數來確認。不過要提醒大家，戀愛的情況更複雜，有時候也會因為太緊張而不敢直視對方。

心理POINT

如果對方的視線朝下，你可能要先讓步！

說「我幫你」的人，通常會想要對方報答

透視力關鍵字　深層心理的意圖

同樣的意思，但是用不同的方式表達，有時候可以表現出一個人內心深處的想法。

舉個例子來說，你手邊要處理的事情很多，在你忙得焦頭爛額之際，身旁的同事突然說：「我幫你！」你想接受對方的好意，但這時候我希望你能夠先等一下！

如果同事是說：「我來幫忙！」你的感覺會不會不太一樣呢？

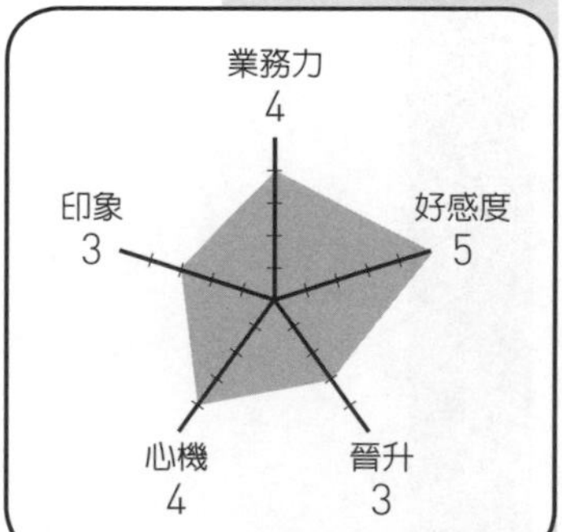

「我來幫忙」與「我幫你」這兩句話究竟有何不同？「我幫你」，除了表示幫忙之外，還透露出說話者內心的意圖，他希望獲得你得感謝，甚至是回禮。也許說這句話的人並沒有意識到，但是在他的內心深處，想要對方回報的可能性很高。所以，當你在職場上遇到這種會說「我幫你」的人時，最好還是要有警覺。

相反的，當你真心想幫別人忙的時候，盡量別使用「我幫你」這種說法。即便在你的內心深處真的期待有什麼好處可以撈，也要盡量避免這種說法。說「我來幫忙」或「我們一起做」，這樣的表達方式，也許最後反而能得到回報。

心理 POINT

「我幫你」這種說法隱藏著說話者的意圖！

言行舉止異於常人的部下其實很自卑

透視力關鍵字　補償作用

假設在你的職場上有言行舉止異於常人的怪人，不但常常搞不清楚狀況，一些大家心知肚明的規矩，他也無法遵守。更糟的是，這個人還是你的部下，你必須給他一些適切的指導。但他的言行舉止實在是太異於常人了，你也不知道該從何教起……

面對這樣的人，我們可以從「補償」的概念來理解。這是與佛洛依德、榮格齊名的心理學家，阿德勒（Alfred Adler）所提出

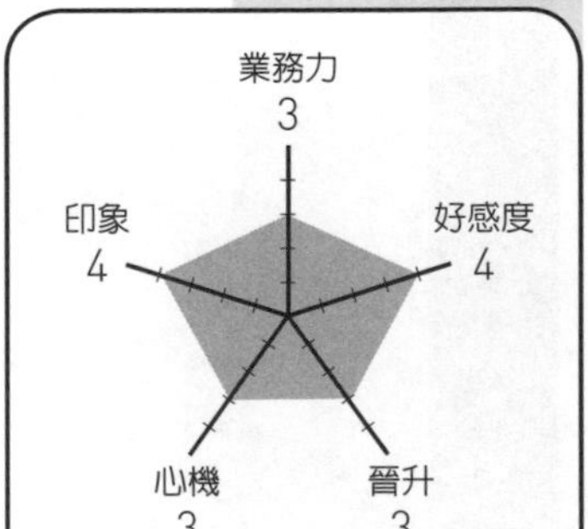

的概念。當一個人在某個領域感到自卑時，會想在另一個領域得到成功，來彌補他的自卑感。舉個例子來說，「自己雖然念書不行，但如果是運動的話沒問題！」因為這樣的想法，於是在運動場上力求表現，來克服自己的自卑感。

不過，如果為了彌補自己的不足而努力過頭，這稱為「過度補償」，此時就有可能發生各種精神上的問題。從這個觀點來看職場上言行舉止異於常人的部下，他可能是想隱藏自己的自卑感，而為了克服自卑感所做的努力，就是出現奇怪的舉動。

對於老是出現問題行為的人，大家會認為他們是搞不清楚狀況、神經大條。但其實這樣的人內心是非常敏感的，所以才無法將自己的自卑感與周圍的環境達成協調。

試著理解他們脆弱與真性情，就像一般人一樣對待他們，委婉的指正他們所做出令人不愉快的言行舉止，是最好的做法。

心理POINT

言行舉止異於常人，其實是自卑感作祟！

Test

了解自己的心理測驗③

本当の自分がわかる心理テスト

問題
12

你到一家自助式餐廳吃午餐，你最想吃的一道料理因為太受歡迎，很快就被搶光了。這時你會怎麼做呢？

Question

A

忍下來，選擇吃
其他料理

B

跟有搶到那道料理
的人分食

C

等那道料理之後
再上菜

D

直接跟店員點那道
料理

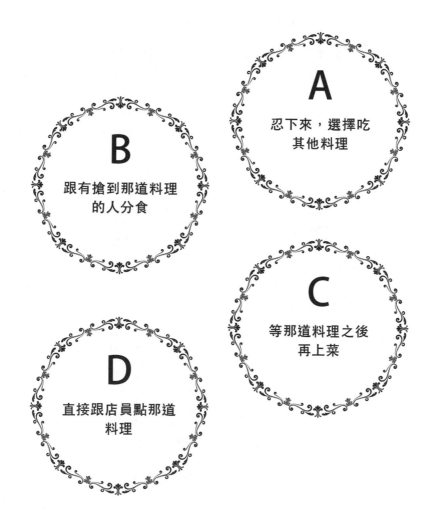

Answer

料理代表你心裡隱藏的欲望
診斷你「背叛別人」的機率

B

不懂得遏止欲望！
背叛人的機率100%

已經是別人的東西，還是無法放棄自己的欲望。你會為了達到目標，不擇手段，所以你可以輕易背叛自己的夥伴，做出違背良心的事情。如果被其他人發現你是這種個性，要小心，你身邊可能會多出無數的敵人！

A

沒有欲望，也沒有執著！
背叛人的機率20%

輕易就放棄料理的你，如果不是非常大的事情，大概不會因為自己的欲望就背叛別人，是很值得信賴的人。但是反過來說，因為你太快放棄，對於達成目標這件事沒有執著，那麼，大概也難期待你會有多大的成長！

D

對任何事情都是正面突破！
背叛人的機率0%，非常正直

為了得到自己想要的東西，你不是走旁門左道，而是採取正面突破。這樣的你，背叛人的機率是0%。不過，為了達到目標，選擇最快的路徑，雖然不會背叛別人，但其實你內心的欲望很深，是個很了解人性的人！

C

虎視眈眈等待機會！
背叛人的機率60%

默默等待下一次機會的你，其實心機頗深。一邊守住自尊，一邊讓周圍的人為自己行動，屬於智慧型犯罪者。如果在戀愛關係中發揮這種特質，可能會釀成大禍。對於初次見面的人，記得不要把這項特質表現得太明顯！

Question

問題 13

你從分公司被調到總公司，沒多久，你就發現總公司內部有派系的問題。請問，你會讓自己歸屬於哪個派系？

A
中午都自己帶便當的草食系

B
不分派系，與大家和平相處

C
腦袋聰明的一群人

D
最受矚目的一群人

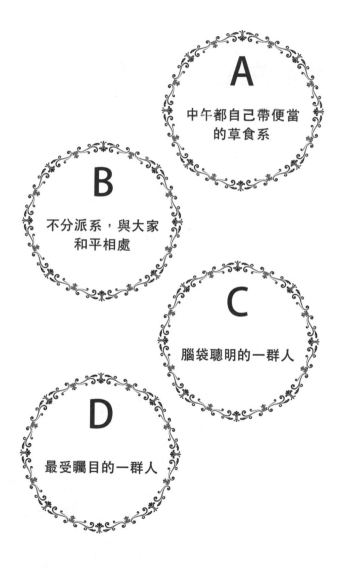

Answer

在新的環境中，你會如何順應環境？

診斷你「自我中心」的程度

這裡也好，那裡也好！是個八面玲瓏的外交高手

B

你不選擇派系，打算做個八面玲瓏的人。也許你自己不覺得，但其實你是非常以自我為中心的人。什麼事情都只想到自己，這種個性最好還是改一下。你那淺顯易懂的想法，全世界都已經知道啦！

可以配合周遭氣氛！你就像「空氣」一般

A

你沒有所謂得自我主張，可以依照周圍環境採取適當的行動，你的自我中心指數幾乎為零。因為你對環境太過敏感，有可能變成隨波逐流。有時候還是要有自己的主張，而且要堅持才對！

世界的中心，才是最適合自己的地方！

D

選擇最受矚目的團體，你的自我中心程度已經達到了最高境界。對於自己的主張，你完全沒有妥協的餘地，對其他人來說你實在很難搞。但不是所有的事情靠強迫就可以解決，還是要多聽別人的意見！

不允許妥協與矛盾！總是追求合理的判斷

C

重視智慧與理性的你，如果有對自己不利或不合理的地方，你會立刻反駁。你也不是以自我為中心，但面對不合理的事情，你會堅持自己的想法。一切照規矩來的你，有時候還是讓自己多點彈性比較好！

Question

問題 14

你在準備一份簡報，是攸關公司發展的大型企畫。為了讓簡報成功，請問你會在事前做什麼準備呢？

A
盡可能多與同事開會討論

B
把簡報的準備工作交給同事，自己則去拜訪相關公司

C
不特別做什麼準備，用和過去同樣的方式接受挑戰

D
放出風聲，讓外界知道這份企畫有多厲害

Answer

要復仇的話，必須心情激動，腦袋冷靜
診斷你的「報復手段」

B

**威脅、情報操作……
在背後玩陰的你最在行！**

你很了解這些私下運作的工作的重要性，也很在行。一般人不會想到的卑鄙行為，你也做得非常理所當然。在你的內心深處隱藏著非常殘虐的想法，會讓對手覺得害怕，應該沒有人會想與你為敵吧！

A

**目標就是照著計畫執行！
你是完美主義者**

會在事前慎重的準備與討論，代表你對事情的執著。所以，如果你想要報復的話，一定會讓對方吃到苦頭。而且你做事非常周到，是追求完美的智慧型犯罪者。如果真的要復仇，沒有人比你更厲害！

D

**對仇恨的執念之深！
會不斷將對方逼入死角**

你不會積極行動，只是利用小道消息來運作，選擇這種做法的你，會徹底的調查對方的隱私，再慢慢利用這些情報將對方逼入死角，屬於跟蹤型的復仇者。但說不定對方會早先一步公開你的騷擾行徑！

C

**你期望的是直接宣戰！
是熱血型的復仇者**

面對如此重要的企畫，你以平常心對待，不特別做什麼準備，是屬於正面挑戰對手的復仇者。不管什麼事都喜歡直來直往，也很容易放下仇恨。面對面互毆之後，仇恨也跟著化解，還有可能跟對方變成朋友！

Question

問題 15

走在森林裡，你突然覺得有其他人存在。回頭一看，發現是很可愛的小精靈。請問，你認為這個可愛的小精靈是出現在哪裡呢？

A 地面

B 樹上

C 箱子裡

D 柵欄上

Answer

人生就是要活得輕鬆!一步一腳印?這種事辦不到!

診斷你有多「聰明狡猾」

B

為了成功必須有所犧牲！
你有強烈的渴望

認為小精靈在高高的樹上，代表你有強烈想要出人頭地的欲望。為了成功，你會把周遭的人都牽扯進來，甚至不惜扯對方的後腿，踏著別人的屍體向上爬。要知道，這麼做將來是會有報應的！

A

有分到一點利益就好！
你是狡猾又愛諂媚的人

從小精靈所在的位置或場所，可以看出你狡猾的一面。選擇「地面」，也就是比較低的地方，表示你的狡猾是表現在巴結上司，對上司很諂媚，大致就這是種程度，一個愛恭維的人而已！

D

搶奪別人的功績！
是卑鄙無恥的小人

把小精靈與「柵欄或牆壁」聯想在一起的人，只想要輕鬆過日，不管別人的死活。這種人會搶奪別人的功績，已經不是小奸小惡，而是真正的大壞蛋。不過，沒有人比這類型的人更聰明狡猾了！

C

想要功績卻不想要麻煩！
是個精明的懶人

想像小精靈在「箱子裡」的你，是個一遇到麻煩，就把事情推出去的人。面對一些處理起來比較麻煩的事，也許逃避也是一種方式，但是，不斷把麻煩事推給別人，也會造成別人很大的困擾啊！

Question

問題
16

走在公司的走廊，突然聽到同事偷偷在講自己的事情。此時，你聽到哪件事，會覺得最開心呢？

A
「他很體貼！」

B
「他很放得開，
很會帶氣氛！」

C
「他很值得信賴！」

D
「我好喜歡他！」

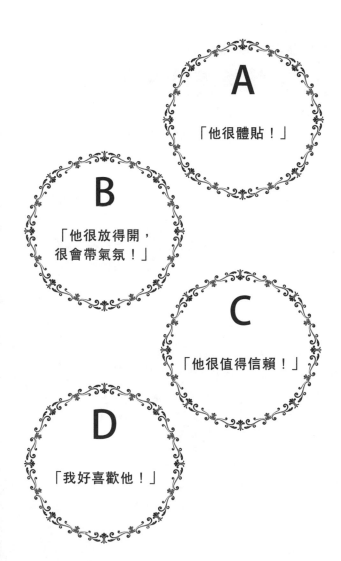

Answer

你最想要保持距離的人
診斷你「打從心裡想要遠離的人」

B

走自己的路！
不想融入大家的人

你在群體中總是擔任炒熱氣氛的角色，所以你無法忍受那些不願意配合的人。你認為他們都是一些以自我為中心的人，但也許他們就只是個性比較害羞而已。應該用更寬大的心接納去他們，多體諒對方！

A

看到臉就覺得很冷漠！
不溫柔的人

你是個人緣很好，喜歡社交的人。因此，你希望交往的對象也是跟自己個性相似的人。你無法理解那些個性冷漠的人，也不會想接近他們。不過別忘了，真正的溫柔，是不會強求對方要跟自己一樣的！

D

嫌惡直接表現在臉上……
不喜歡自己的人

別人的好惡，是你所有行動的基準。你想先知道對方有多喜歡自己，再採取行動，顯示出你想支配對方、束縛對方的欲望。不過，重要的並不是對方喜歡或討厭自己，而是你自己是怎麼想的，不是嗎？

C

總是在一旁閒晃，
沒有建樹，無法信賴的人

你是群體中的領導者，是個能夠讓大家信賴的人。你對那些沒有建樹，個性隨興的人敬而遠之。只是因為價值觀不同就排擠對方，代表你心胸狹窄。找到別人的優點，不也是身為領導者應該做的事嗎？

Chapter 4

從「口頭禪」透視人心

口癖で読み取る人間心理

事情都還沒做，卻理由一大堆，是在自我防衛

透視力關鍵字　自我設限

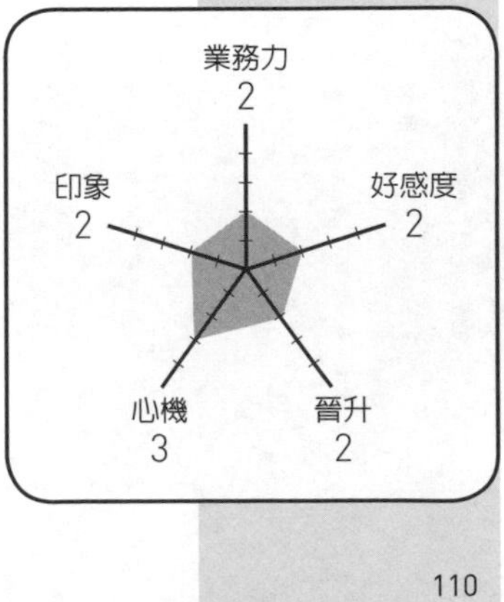

工作上，為了培育部下，你將一些新的業務交付給他，但事情都還沒開始做，對方卻理由一大堆……。身為上司的你不禁認為：「都還沒開始就覺得會失敗，有這麼悲觀嗎？」「他好像不太想做的樣子……」不過，部下是真的不想做這份工作嗎？

先不管他到底有沒有意願，事情都還沒開始做，就先為自己辯解，其實是為了自我防衛。這在心理學上稱「自我設限」，先讓

對方看到或知道，目前的情勢對自己是不利的，萬一真的失敗了，也不會影響別人對自己的評價。

在學校的時候，應該都有聽過同學說：「今天的考試我都沒有準備……」是相同的心理。如果考得不好，那也是因為沒有念書的關係；但如果考得還不錯，大家還會覺得：「沒念書還可以考那麼好！」不管是哪一種結果，都不用擔心自尊心會受損。

乍看之下，這種「自我設限」的行為好像只有好處，沒有壞處，但其實並不能解決問題。害怕自己如果認真去做，要是失敗了會很沒面子，只是為了要保住自己的面子罷了。因此，對於這種人，你要做的就是讓他覺得，即使失敗了，也不會傷害到自尊心。如此一來，他們就能無後顧之憂的發揮所長。

倘若你是被交辦事情的一方，在找藉口之前，應該先思考解決之道。能夠產生好結果的行動，不是找藉口，而是找出對雙方來說都有利的做法才對！

心理POINT

找藉口，其實是因為擔心自尊心受損！

開口閉口「我就知道」的人，其實什麼都不知道

透視力關鍵字 從眾行為

以匿名的方式讓大家來評價你做的事情，這樣就能排除說場面話的可能性，如果仍得到正面的評價，我相信，不管是誰都會很開心吧。這其實比面對面的稱讚，更令人喜悅。

之後再跟大家說明這是你做的，這時如果聽到對方說：「我就知道！」知道對方平常就很肯定自己的表現，你一定會更加開心吧。

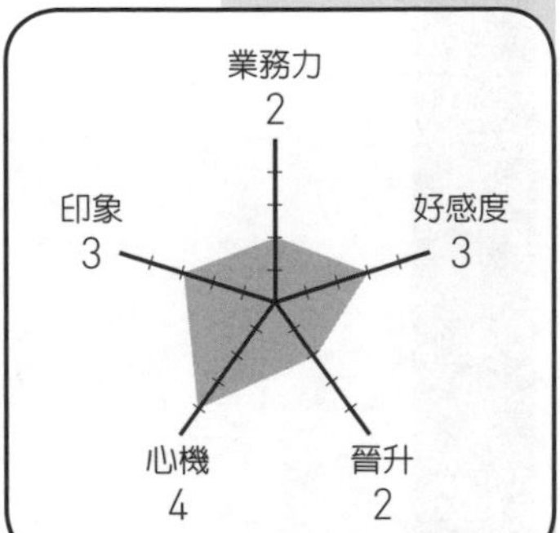

但如果一個人平常就把「我就知道」這句話當成口頭禪，那並不代表他原本就這麼想，很可能只是為了在當下迎合大家罷了。

社會心理學家艾許（Solomon Asch）提出「從眾行為」的概念，證實群體中如果大家都指出錯誤的答案，參與實驗者也會跟著說出錯誤的答案。

不經思考，把「我就知道」當成口成禪的人，應該平常就很會察言觀色，沒有主見，總是人云亦云。

心理 POINT

假裝有自己的意見，但其實完全沒有主見！

只會說「我就知道」的人不能信賴

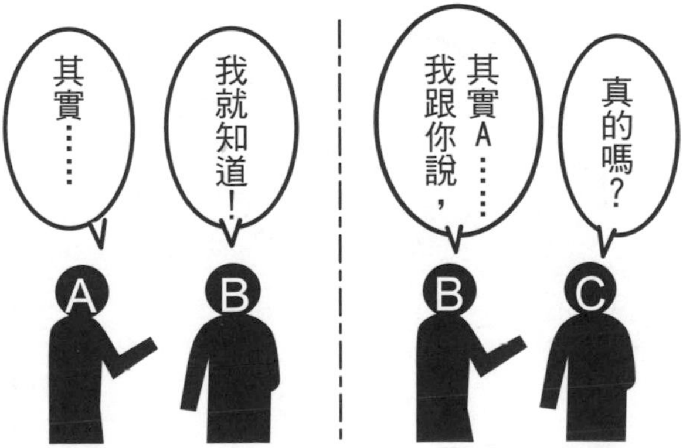
其實……
我就知道！
A
B
其實A……我跟你說，
真的嗎？
B
C

只會說「我就知道」的人，大多沒有主見。

常說「所以說」的人，不想承擔責任

透視力關鍵字　逃避責任

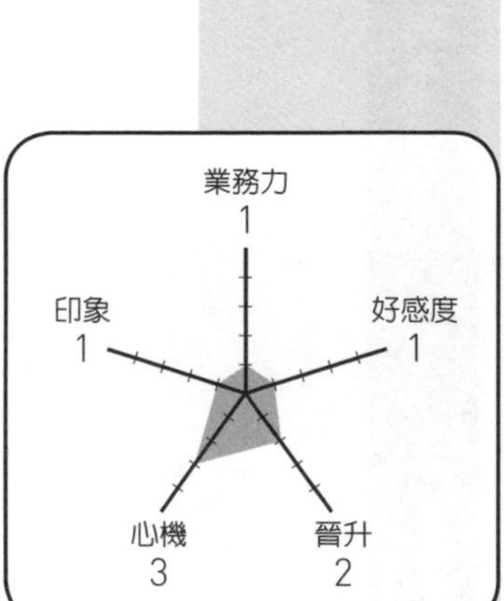

當工作上出現失誤時，有時候會聽到這樣的指責：「所以說你還不行！」但到底為什麼不行？如果可以先說明原因：「老是犯同樣的錯誤，所以說你還不行！」我們就會知道對方為什麼生氣。

只是，一個人生氣時，如果不斷把「所以說」這三個字掛在嘴邊，那麼背後的意義又有些不同。通常，會以這句話當開頭來罵人，其實大部分都知道失誤的原因在於自

己，但是又拉不下臉承認。

部下援引很多事實來說明失誤的前因後果，最後歸結責任在於上司，即便上司自己也理解，但是卻說出：「所以說，話不能這樣講！」「所以說，問題不是這樣！」打斷下屬的說明，就證明上司想撇清責任，把責任都推給部下。

此時，「所以說」這三個字已經無關理由，只是為了要撇清或逃避自己可能要承擔失誤的責任才這麼說。即使別人曾經提醒過他，但只要是不利於自己的事，他都會說：「所以說，我沒聽你說過！」以推卸責任。

如果各位很不幸的遇到這種上司，應該要怎麼處理呢？我的建議是，即便是口頭決定的事項，也要利用電子郵件等方式記錄下來，除了寄給上司，也盡可能讓第三者也知道這件事。萬一發生問題，上司就無法再找藉口推卸責任。

有些上司會利用自己的身分，讓部下去承擔責任。為了避免捲入這種麻煩事，這種上司還是能躲就躲。

心理 POINT

盡量不要跟常講「所以說」的人有任何瓜葛！

說「交給我吧！」輕諾寡信的可能性很高

透視力關鍵字　輕諾寡信

工作上請別人幫忙時，對方一句「交給我吧」往往會讓人很安心，覺得：「這個人真靠得住！」或「幫了我一個大忙！」

比起找一堆藉口，心不甘情不願的接下工作，聽到對方很有自信的說「交給我吧」，委託人心中也會比較踏實。只是，原本很有自信的接下工作，但到最後卻無法完成，不知道各位是否有過這樣的慘痛經驗呢？

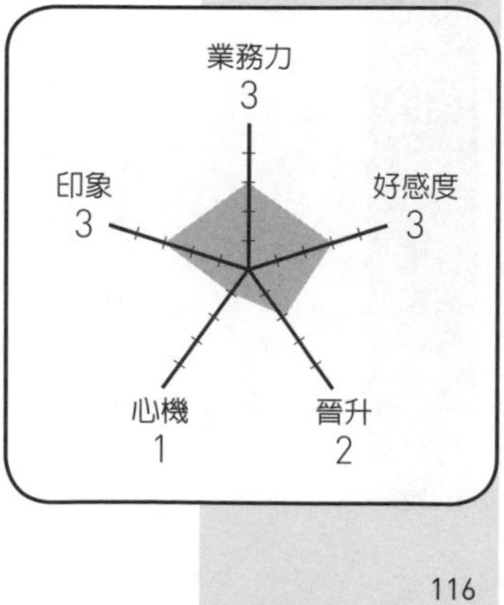

那麼，我們要如何判斷對方是不是真的靠得住呢？方法很簡單，當他們說出「交給我吧」，之後如果沒有進一步仔細確認工作的內容，反而說「應該沒問題」，那就要特別注意了。因為這樣的反應不代表自信，輕諾寡信的可能性很高。

如果我們不確定對方是否能做到，還可以想像最糟糕的狀況，做好因應措施；但如果太相信對方，覺得一切都不用擔心，到最後才發現真的不行時，已經回天乏術。這樣想的話，先把醜話說在前頭，才接受委託，從結果來看是比較好的方式。

其實，像這種輕諾寡信的人，問題就出在他們都沒有惡意。就算出了紕漏，他們還是對自己很有自信，然後又再次輕言允諾。

因此，當我們請別人幫忙時，不管對方是戰戰兢兢的接受，還是一派輕鬆，我們都應該請對方隨時向自己報告進度，才能夠掌握狀況。

心理POINT

對於輕言允諾的人，要更費心去掌握狀況！

被指責時，只回應「我知道」，其實沒在反省

透視力關鍵字　負面印象

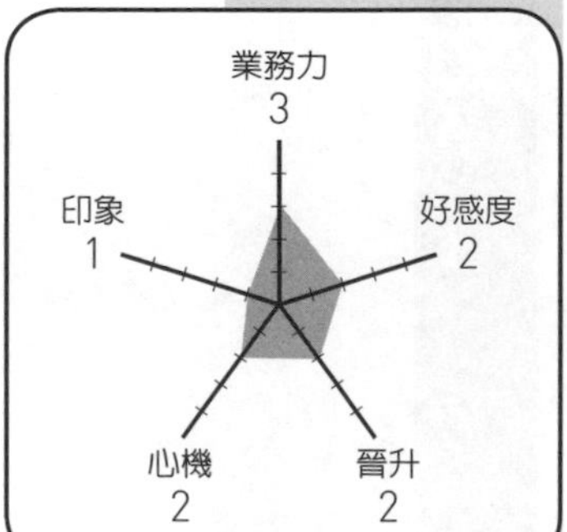

確認部下清不清楚工作內容時，他只回一句：「我知道！」指正他的錯誤時，他也回一句：「我知道！」不管什麼事都只回答「我知道」的部下，各位的身邊有嗎？

像這樣的人，並不是把「我知道」當成「我理解你的意思」在使用。他們並沒有思考工作的內容，或是反省自己的失誤，只是為了盡快脫離那個場合，才使用「我知道」這三個字來搪塞。他們心裡想的是：「我已

經知道了，趕快結束話題吧！」

因此，即便聽到他們回答「我知道」，仍無法判斷他們是不是真的清楚自己的工作，或是已經知道自己的錯誤。因為不放心，便再確認一次：「你真的知道了嗎？」有些人心裡就會開始覺得不舒坦，於是又回答：「我知道！」

究竟要怎麼做，才能夠判斷對方是「真知道」還是「假知道」呢？其實只要站在對方的立場想一下，為什麼他們會說出「我知道」，就很好理解了。

你只是隨口問一句：「知道了嗎？」聽在對方耳裡，有些人會覺得：「他一定是覺得我不懂，才會這麼問。」認為對方看不起自己，對自己持有負面的印象，自然也就不會用心回覆了。他們才會用「我知道」這種似是而非的答案來搪塞對方。

面對一個老是回答「我知道」的人，不妨換個方式來跟他們溝通。

心理POINT

換個問話方式，不要讓對方覺得自己受到輕視！

用「但是」來接續話題的人，喜歡強迫別人

透視力關鍵字 演講能力

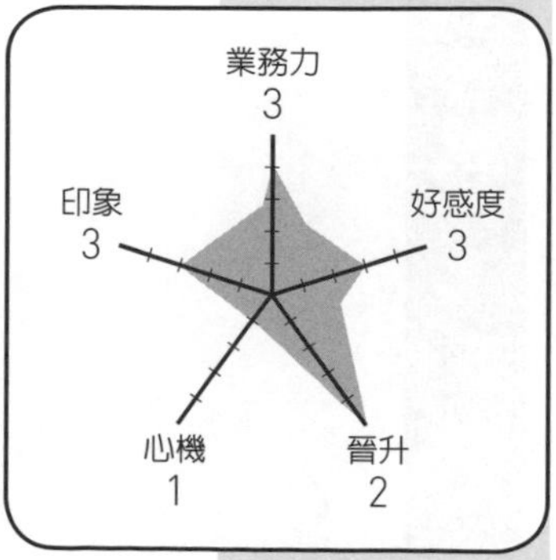

校長對全校師生致詞，或是在公司裡，社長或重要幹部對所有新人發表談話，在這種集會演講的場合，大家應該都曾經這麼想：「怎麼還不趕快結束！」

這些人在演講一開始都會說：「我只有一句話要說……」但是這句話卻好像感覺永遠不會結束一樣。像這種讓人覺得無趣的演說有一個特徵，那就是他們會用「但是」來接續話題。

心理
POINT

演講讓人覺得厭煩的人，或許才是會出頭天的人！

在一個斷句之後，大家都以為要結束了，沒想到又天外飛來一句「但是……」，然後又繼續講下去。這只會讓台下的聽眾更加厭煩，與台上的人「我還要繼續講」的熱烈心情形成強烈的反差。

會在台上發表演說的人，大部分都是相對有成就的人，所以我們不能否認，會以這種方式說話的人或許以後會相當有成就。

說「不錯」的人，通常只是出一張嘴

透視力關鍵字　出一張嘴

有些人看到一群人聚集在一起講話，明明沒有詢問他的意見，就自己主動加入談話，而且還想要主導話題。對於其他人的發言也會加入自己的看法，想在那樣的場合當主角，強調自己的主張。這類型的人自尊心高，就算是自己不懂的話題，也會非常積極的想要參一腳。

也許是因為害怕丟臉的心理作祟，他們習慣一邊提出自己的主張，一邊還是要確保

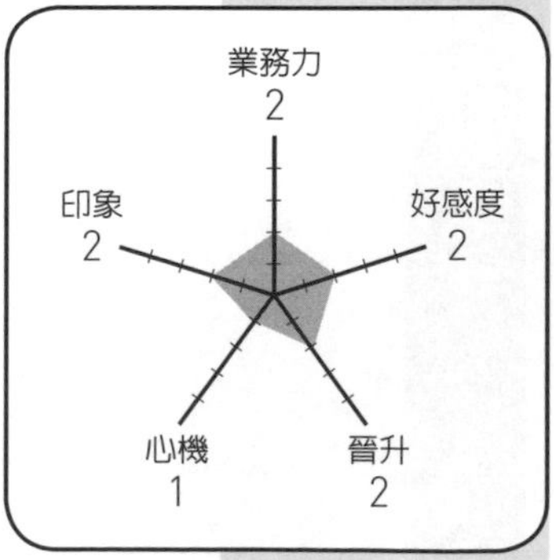

自己可以不用負責任，因此，他們往往有幾個口頭禪。

為了讓自己有推託責任的空間，他們常常會說：「是不錯啦……」以這種冷靜的口吻回應，就算被反駁，也可以避免自尊心受損。他們也會用「我認為……」或「我覺得……」這種方式來表達自己的看法，又不用負起做決定的責任。

另外，有些人則是常常說：「反正就試試看吧！」這類型的人愛說理，想要強迫其他人接受自己的意見。他們喜歡指使人「這麼做比較好」、「那麼做比較好」，但其實他們自己也沒有這麼做，可以說是「只出一張嘴」的人。

也許大家對這種人說得口沫橫飛的樣子很反感，但是對付這類型的人，你也只能讓他講。如果說出心裡話，批評他們「只出一張嘴而已」，只會重創他們的心靈，對事情沒有幫助。況且，要是惹他們生氣，事情將更難處理。所以，就算心理想：「他又在出一張嘴了！」也只能忍耐，讓對方說完他想說的話。只要他滿足了，事情就解決了。

心理POINT

面對想當主角的人，就讓他說完想說的話！

從笑的方式看一個人的個性

透視力關鍵字　自我表現欲

即使都是「笑容」，但每個人的笑各有特色，不是只有一種方式。因此，我們可以從笑的方式來判斷一個人的性格。另外跟大家說明，每個人笑的方式並不是與生俱來的，而是我們從小養成的習慣。

「哇哈哈哈」這種很豪邁的笑法，代表這個人的自我表現欲很強烈。表面上看起來好像非常有自信，但其實是為了掩飾自己膽小的一面。

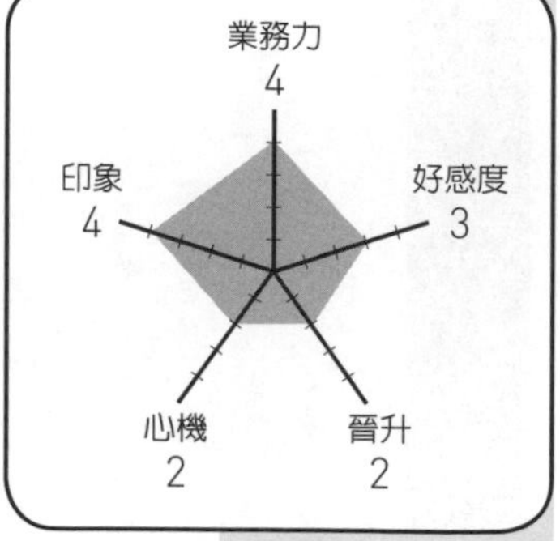

心理 POINT

見到笑得很奸詐的人，不要接近他們比較好！

「哼哼」，這種用鼻子發出笑聲的人，通常比較內向。而且，如果對方對自己沒有任何好處，基本上他是很冷淡的。

「ㄎㄎ」，這種笑法的人喜歡欺負別人，會在私底下嘲笑別人的失敗，而且不太會在人前展露笑容。

「嘻嘻」，這種笑起來感覺有點奸詐的人，通常會為了一件看事情而鑽牛角尖，個性比較憂鬱。就像這樣，從一個人笑的方式，可以判斷出他的個性。不妨也觀察一下自己平常是怎麼笑的吧！

從笑的方式可以看出個性

笑得很豪邁的人，自我表現欲強烈；
不張嘴笑，從鼻子發出笑聲的人，脾氣很差。

從點餐方式判斷一個人的性格

透視力關鍵字　點餐的順序

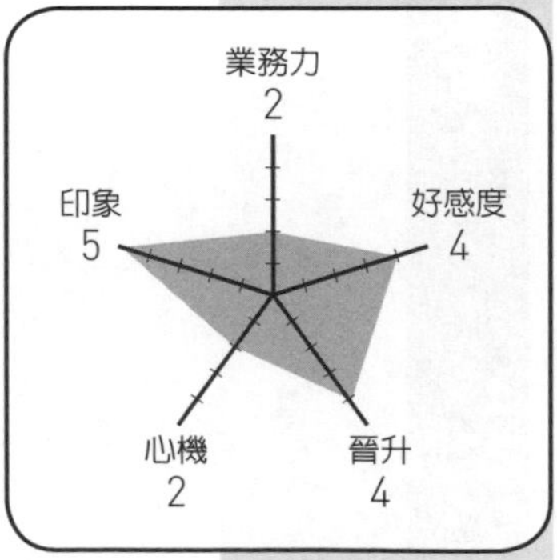

到餐廳吃飯的時候，我們可以觀察一起用餐的人的習慣，像是對於食物的喜好或餐桌禮儀等等，發現比較私人的一面。

除此之外，其實從「點餐」的方式也可以看出一個人的性格。先別急著點餐，各位可以先觀察對方的行動，藉此判斷他的個性。

如果對方先決定好自己要吃的東西，再

問你要點什麼，就可以判斷他是比較以自我為中心的人。他心裡想的是：「反正我已經先決定好要吃的東西了，其他就跟我沒關係了！」

如果對方先問你要點什麼，再決定自己要吃的東西，這類型的人比較會尊重他人。此外，在你點餐之後，他們是怎麼決定自己想吃的東西，也與個性有關。如果很快就決定好自己想吃的東西，代表他有決斷力，腦袋動得快；若是遲遲無法做決定，那就是缺乏行動力，腦袋比較鈍。

如果聽完你的決定後，對方也點同樣的餐點，這種類型的人沒有個人喜好或堅持，認為只要跟別人做一樣的事就好。

還有一種人，會先向店員確認菜單的內容後再點餐，通常屬於外交型的人物，對自己的堅持很重視，也因此很容易與周圍的人起衝突。

從點餐的小動作就可以獲得許多情報，與其他人一起去餐廳吃飯時，可以試著觀察看看。

心理 POINT

可以立刻就決定自己要什麼的人，腦袋很聰明！

常把「我們大家」掛嘴邊的人，內心很想當老大

透視力關鍵字　領導力

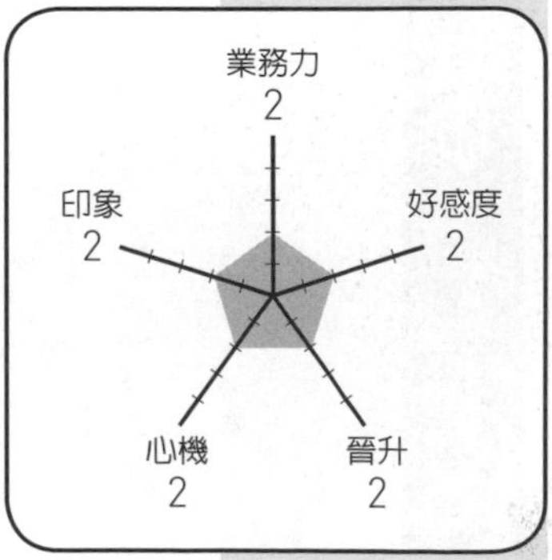

在團隊活動中常常可以聽到「我們大家」這樣的用法，像是公司的部門主管或專案的負責人，或是學生時期社團的教練或顧問老師，就經常會這麼說。也就是在群體中擔任領導者，統領大家的人，會很自然的說出這四個字。但如果團體中的某個成員突然這麼說，我們就會覺得怪怪的。

「集合大家的力量去完成吧！」這句話如果不是出自於領導者之口，大家心裡應

該會有這樣的疑問：「你以為你是誰啊！」此外，一個團體如果還沒有決定出領導者，卻有人說出這樣的話，代表他心裡想當老大。不過，他其實沒有自信別人會選他當領導者，所以利用這樣的話語，讓大家會不自覺的以他為首。

像這樣，想當領導者的人，自己先表現出領導者的樣子，看起來好像是主動想照顧別人，是值得大家信賴的人，但事實並非如此。因為領導者必須先得到眾人的信賴，人們才會跟隨，可不是「因為我想領導大家，大家要跟著我」這樣就可以成立。

一個真正值得信賴的人，不需要這些行動，周圍的人就會跟隨在後，將他視為領導者。反過來說，主動表示「我要當領導者」的人還算有擔當，但若是趁群龍無首之際，利用一些發言，讓大家誤認為是他領導者，我相信最後是不會獲得支持的，因為那只是個人「想當領導者」的私欲，而非真的想為大家做事。

心理POINT

領導者不是自私任性就能夠當上的！

利用各種話題，套出對方的口頭禪

透視力關鍵字

話題的連續性

在這一章裡，跟各位介紹了許多口頭禪，以及有這些口頭禪的人通常是什麼樣的個性。一個愛講話的人，我們很容易就可以知道他的口頭禪；但如果遇到不喜歡說話的人，要知道他們的口頭禪也不容易。

這時候，我們就必須趁他們開口說話時，用一些誘導性的話術，讓他們不自覺的說出口頭禪。

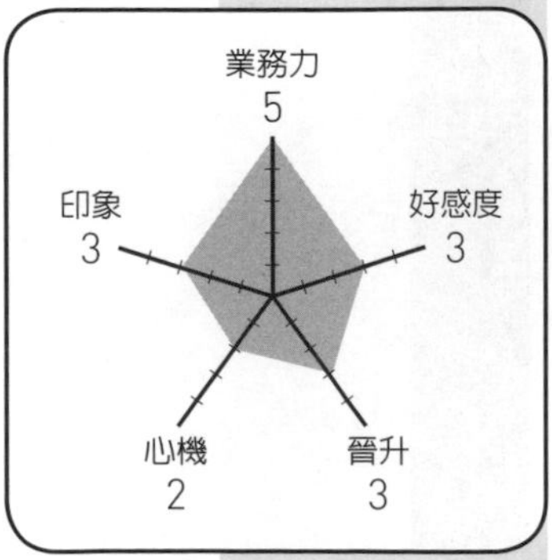

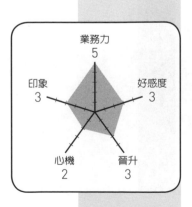

說是話術，其實也就是頻繁的轉換話題，讓對方不間斷的說話而已。如此一來，對方應該就會說出常用的口頭禪。像是工作上的話題、政治的話題、電視上的話題、家庭的話題、下次休假要做什麼等等，各式各樣的話題都可以聊。

每個話題也不需要聊太長，一句話就能回答的問題，對方也比較容易回答。一開始只要讓對方回答「是」或「不是」就好，問幾個問題之後，再讓對方用自己的話回答。對於平常不太說話的人，不斷的轉換話題，他們應該就會覺得有點招架不住，光是思考要如何回答問題就已經焦頭爛額了，也不太可能再字字斟酌，就會不自覺的說出他們的口頭禪。

這方法對於一些不太說話的人來說很有效，除此之外，對於剛認識，還不太熟識的客戶，也可以同樣的方式來試探。透過不間斷的話題，打破沉重的氣氛，還可以聽出對方的口頭禪，分析對方的性格，說不定這些情報對於之後的合作會有很大的幫助。利用口頭禪做性格分析，也可以是很主動的。

心理 POINT

積極分析他人的性格！

Test

了解自己的心理測驗④

本当の自分がわかる心理テスト

問題
17

你在蘋果園打工，正在採收蘋果時，一旁的小鳥一直想要偷吃。你得想辦法趕走小鳥，請問，你會採取什麼方式呢？

Question

A

用聲音來
嚇走小鳥

B

另外準備
小鳥的餌料

C

用網子把
蘋果蓋住

D

就讓小鳥吃個夠

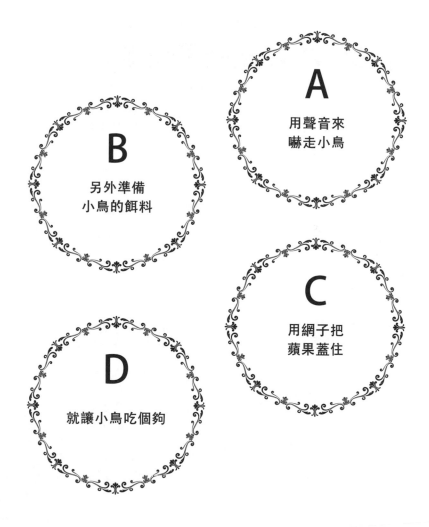

Answer

面對意外狀況你會怎麼處理？

診斷你的「風險管理能力」

B

我愛敵人！
選擇與風險共存

對於妨礙者，你發揮博愛精神，選擇與危險共存，是個性溫柔的人。只是，對妨礙者來說，你的愛不一定通用，而且大多以恩將仇報收場。就算這樣，你還是選擇透過人道主義來解決問題嗎？

A

直接消滅妨礙自己的人！
在風險管理上是初級班

對於妨礙你的人，你採取直接攻擊。也就是說，面對風險，你會試著直接解決，消滅妨礙自己的人，是非常本位主義的人。不過，評估受害的程度，說不定迴避是比較有效率的做法，你應該要更穩健的思考！

D

與甘地相當的非暴力主義者！
不認為風險是風險

你的想法是屬於非暴力的和平主義者，但是你也沒盡到你的責任。而且，如果放任小鳥吃個夠的話，也在蘋果園中的你，難保不會受到攻擊。你如果繼續用這種方式生存下去，實在讓人很擔心！

C

懂得運用智慧，洞燭先機！
在風險管理上是高級班

你能夠預測妨礙者可能會有的行動，並尋求對策，做好萬全的準備，很懂得迴避風險。因為你能夠抑制受害的程度，並且有效率的化解問題。只是俗話說「聰明反被聰明誤」，有時候也別太過自信！

Question

問題
18

逛街的時候，你走進一家飾品店，買了一個手機套。請問，你會選擇哪種手機套裝手機呢？

A
名牌手機套

B
可以自己
設計的手機套

C
買手機時
附贈的手機套

D
你不會將手機
放入手機套中

Answer

手機代表你喜歡的事物，手機套代表你熱中的程度

診斷你是否容易「被洗腦」

B

很容易上癮的人！
容易被洗腦程度75%

你非常了解自己的喜好，可以自己安排所有的事情。因為適合自己的東西與喜歡的事物可能是無限的，所以你熱中的程度也可能沒有底限。提醒你別忘了自制，做什麼事都要適可而止！

A

身體和心靈都雙手奉上！
容易被洗腦程度100%

對於喜歡的東西，你不惜付出金錢，甚至是身體和心靈。對你來說，熱中於自己喜歡的事很幸福，但前方等著你的可能是幻想的破滅。這類型的依賴症如果能早點發現，當你覺得有點危險，快要陷入之前，可以拉自己一把！

D

跟地藏王菩薩有得拚，都是硬石頭！容易被洗腦程度0%

你完全不會隨波逐流，但講難聽一點，你到底有沒有心啊！你的腦袋就跟石頭一樣硬，只相信自己，把別人的話都當成耳邊風，對你來說，根本不可能會被洗腦。只是，這樣個性有可能會被認為是頑固，要多注意！

C

不受任何事情影響！
容易被洗腦程度25%

不管是興趣或戀愛，你很容易滿足。知足常樂的你，其實沒什麼在乎的事情，所以也有人會認為你是個冷漠無情的人。不要對所有事情都一副漠不關心的樣子，這樣會讓周圍的人對你的印象變差！

Question

問題 19

你在公園慢跑，想休息一下，發現公園裡有各式各樣的椅子。請問，你會選擇哪一種椅子休息呢？

A
沒有彈性，
很硬的椅子

B
軟軟的，
很舒服的椅子

C
很新潮、
很特別的椅子

D
從來沒坐過的
高級椅子

Answer

椅子代表共同體，坐起來的感覺就是你在團體中的立場
診斷你「在團體中的角色」

B
散發出「療癒系」的光芒！有你在的地方就很和樂

當你一笑，周遭也會跟著開朗起來。大家會不自覺的想保護你，不讓你碰一些比較辛苦或痛苦的事情，這是你的性格帶來的好處。但是也別一味的依賴大家，主動做一些事情，讓大家看見你的努力，對你也是有加分的！

A
即使覺得麻煩，也放不下你！大家都會忍讓你

你只要心情不好就會覺得很煩，其實周遭的人都在忍讓你。但因為你能力強，個性也不錯，所以還不至於被排擠。但如果做得太過火，把大家的忍讓視為理所當然，那麼被孤立的可能性也不是沒有！

D
能夠領導大家的先鋒者！是強而有力的領導者

能夠果斷的決定團隊的方針，並推動執行，是強力的領導者。對於大家委託的事情，你都能夠達成使命，但反過來說，因為你讓大家太有壓迫感，願意靠近你的人並不多。不妨在適當時機炒熱氣氛，讓大家看看不同的你！

C
能夠帶來最新訊息！你是情報達人

你總是為大家帶來最新的情報，是團體中的新聞台。因為你總是能夠帶來新奇有趣的消息，所以你在團體中特別有人緣。只是，當你的訊息未能創造預期的反應時，反而會變成你的壓力來源。

Question

問題
20

想像一下，你正出神的眺望富士山，這時候飄來了一朵雲。請問，你認為這朵雲出現在什麼地方呢？

A 比山頂高很多的地方

B 在山腰

C 在山頂

D 在山麓

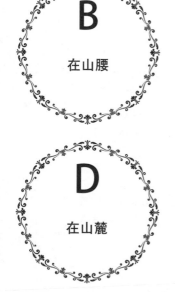

Answer

你究竟想要爬到哪個地位？
診斷你有多想「出人頭地」

B 常常被問：「你的野心呢？」想出人頭地的欲望10%

雲在山腰，代表你對出人頭地這件事沒有太大的關心。當然，你的工作意願也不高，也不是幫得上忙的人。如果你的個性還不錯的話，可以掩蓋這部分的缺點；要是連個性都不好的話，那就是公司的冗員了。記得對周遭的人好一點！

A 什麼都願意做！想出人頭地的欲望100%

雲在比山頂高的地方，代表你的志向很高。別人對你來說都只是讓自己向上爬的「棋子」。別人的不幸，就是你的快樂。是個冷酷無情、為了出人頭地不擇手段的人。很多人都以你為敵，被暗箭中傷的可能性很高，小心點吧！

D 做什麼都還可以的「草食系」！想出人頭地的欲望50%

雲在山麓，代表你追求地位與工作之間的平衡，維持得很好。只是，這也代表你認為「事情做得差不多，沒有失誤就好」，對於升遷沒有什麼想法。如此滿足現狀，只怕到最後公司裡已經沒有你的一席之地！

C 即使是犯罪行為也照做！想出人頭地的欲望99%

雲在山頂，表示你想要出人頭地、爬得比別人高的欲望很強烈。為了爭取向上的機會，你會不擇手段，寫黑函這種卑劣的方式也照做不誤。在走上這條路之前，希望你能稍微停下來思考，什麼才是你應該走的路！

Question

問題 21

有個知名節目的外景主持人突然跑去你家，請問，那個外景主持人會對你說什麼？

A

「要不要一起去什麼地方啊？」

B

「我要給你一瓶能夠長生不老的調味料。」

C

「你的人生就這樣好嗎？」

D

「你好！午安！」

Answer

面對突如其來的問題，你會怎麼做？

診斷你對「突發狀況」的處理方式

B

無法迅速的思考！以邏輯解決問題的人

你喜歡邏輯性的思考，檢證每一項證據或結果，以解決問題，屬於邏輯派的人。這類型的人會照著自己的思考流程處理事情，而欠缺隨機應變的能力。有時候你就是想太多，別把腦袋都想破了！

A

你是處理突發狀況的達人！認為事情總會解決

對於任何事情你總是樂觀看待。當問題發生時，你不會把責任推給別人，也不會自己背負一切，你會迅速的將事情解決。只是，如果總是這樣草率的下判斷，說不定哪天會遭到報復！

D

解決問題絕不能急就章！會花點時間做判斷的人

你不會急著求結論，你會冷靜聽完所有的說明之後，才做出判斷。不管是找出原因或解決方法，你會花時間找出既確實又正確的方法。只是，花太多時間，也會造成別人的困擾，要多留心啊！

C

只要逃離現場就好！推卸責任型的人

一遇到麻煩事，你絕對是先怪罪對方，永遠不承認自己的錯誤，只想逃離問題現場。所以，你無法解決問題，有時候還會讓問題更加嚴重。奉勸你一句，趕快覺醒吧，其實最大的問題就是你自己！

Chapter 5

從「行為」透視人心

行為で読み取る人間心理

慢慢走，給人會做事的印象

透視力關鍵字　防衛本能

企業界有個說法是，「在走廊上跑的人不會做事。」

會在走廊上跑，就是因為無法管理好自己的工作，才會陷入不跑不行的狀況。代表這個人不夠沉穩，缺乏定性，才會這麼慌亂。也許本人還覺得自己是很迅速、很認真在處理事情，但別人可不是這麼看的。

那麼，想讓周圍的人認為自己是「會做

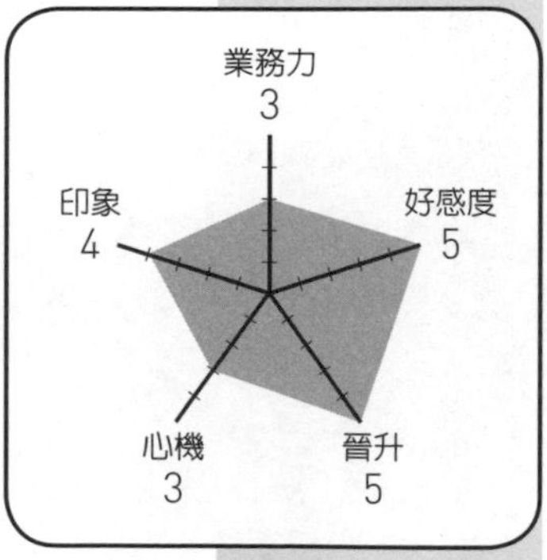

事的人」，該怎麼做比較好呢？答案很簡單，你只要注意不要急躁，慢慢行動就好。放慢走路的速度，讓人覺得你是很輕鬆的。

各位不妨回想一下，在校園裡散步的校長，或是在公司裡的社長，他們是不是都把雙手擺在背後，慢慢的走呢？這樣的姿勢表現出「我在這裡不會被任何人攻擊」、「我不需要採取防衛姿勢」，因為有自信，所以他們才能維持這樣的狀態，不需要開啟防衛本能。個性急躁的人則剛好相反。

如果想讓交涉對手或同事認為自己是大人物的話，就可以利用這個「雙手擺在背後慢慢走」的動作。只是，凡事過與不及都不好，若是太過於「慢慢來」或「放輕鬆」，可能會讓別人誤認為你「動作遲鈍」、「做什麼都慢半拍」，那可就不好了。

另外，各位也要會學習判斷，在自己面前動作緩慢的人，究竟是真的大人物，還是只是虛張聲勢而已。

心理 POINT

有自信的人是不會急躁的！

選擇「主廚推薦」的人，習慣將責任轉嫁給別人

透視力關鍵字　游移不定

在餐廳的吃飯時，從點餐的方式，就可以知道一個人的性格和心理狀態。

選擇「本日推薦」或「主廚推薦」的人，會把責任轉嫁給別人。因為，如果端出來的料理不好吃的話，他們還有藉口說：「這是店家推薦的，我也沒辦法……」這就是他們選擇「主廚推薦」的原因。在速食店中，當店員問：「要不要嘗試新商品？」就依店員的推薦點餐的人，也是同樣的心理。

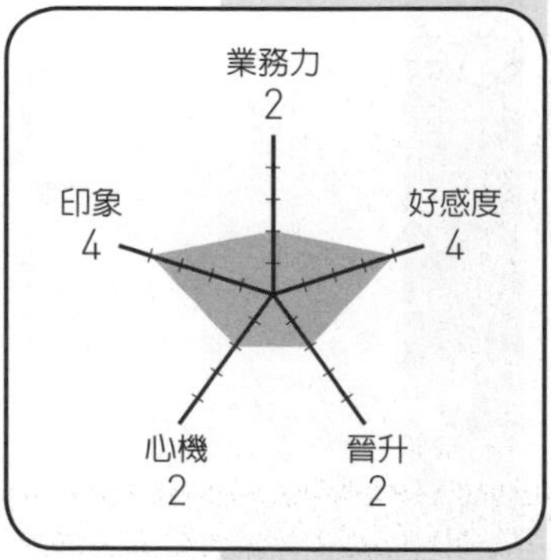

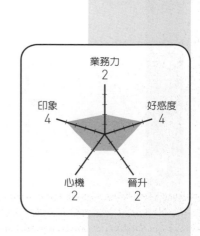

他們其實很苦惱不知道要點什麼，又想快點決定，於是就直接點店員推薦的餐點。

還有一種類型是，本來在兩個選擇之間游移不定，最後決定的卻是第三個選項。這種人的心理是，他們在兩個深具吸引力的選項之間猶豫不決，為了脫離這樣的狀態，乾脆選擇別的選項。旁人看來，也許覺得不可思議，「為什麼原本苦惱要吃漢堡還是義大利麵，最後卻選擇焗烤？」但是從心理學的角度來看，卻是一個人很真實的心理。

至於不囉嗦，很迅速決定自己要吃什麼的人，具有領導者的性格。他們很懂得表達自己的主張，相對的，也會有頑固的一面。

還有一種人是先詢問其他人「要吃什麼」之後，才決定自己的餐點。這類型人很重視人際關係，具有優越的協調性與彈性。

而一直無法決定自己要吃什麼的人，比較優柔寡斷，但是當他們看法改變時，不會在乎其他人，以自我為中心。知道這些，下次在餐廳用餐時，就可以看出對方的性格了。

心理 POINT

點餐的方式，透露出一個人的性格與心理狀態！

坐在靠近會議室門口的人，對議題沒興趣

透視力關鍵字　眼神交會

在會議室裡，通常擔任會議主席的人會坐在上座的中央，至於掌控重要發言的人，基本上都坐在兩側較裡面的地方。至於坐在離出入口比較近的人，基本上都不太發言。一般開會時，大家都有這種感覺吧！

因為我們都有這樣的印象，所以當可以自由選擇座位時，選擇坐在離出入口最近的座位的人，大部分的心理狀態都是「對這場會議沒有太大的關心」、「想要早點離

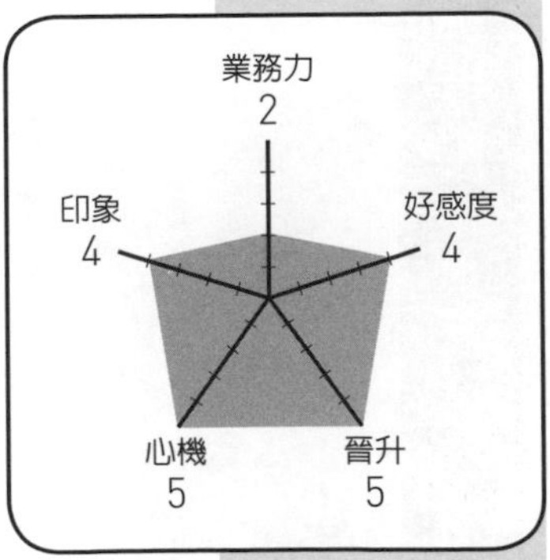

開」。至於率先坐到會議主席座位附近的人，也許沒有要當領導者的意願，但應該是關心議題，想成為話題中心的人。而選擇坐在中間位置，離主席座位和出入口都有點距離的人，比較重視協調性，會在會議中協調大家的意見。

有位心理學家曾經做過實驗，他準備了一張圓桌，一邊擺兩張椅子，另一邊擺四張椅子，讓學生圍著圓桌開會。結果，選擇坐在兩張椅子一側的學生發言次數較多，也讓人覺得比較有領導者的風範。他們很自然的與對向的四個人做眼神交會，主導整場會議。

開會時選擇的座位，左右著你對周遭人的影響力。只是，歐美也有一句話說：「如果想引人注目，就坐在離出入口最近的位置。」因為人們會將目光聚集在人來人往的出入口，而且坐在出入口附近，也最有機會與他人交談。如果你想讓其他人對自己留下印象的話，坐在出入口附近的確最合適。

總歸一句話，各位要好好活用自己選擇的座位。

心理POINT

從一個人選擇的座位，就可以判斷他對會議的關心程度！

用肩膀夾著話筒說話的人，愛裝模作樣

透視力關鍵字　做事半途而廢

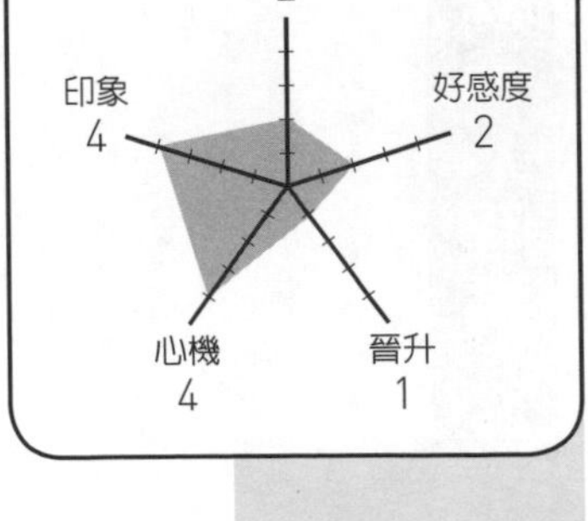

過去在電影或電視劇裡，我們常會看到忙碌的上班族肩膀夾著話筒，一邊說話，一邊做備忘的場景。劇中優秀的人物常都會以這樣的行為來表現他們工作是多麼認真，多麼有效率，象徵他們的工作能力。

只是，現實社會是否真的如此呢？會用肩膀夾著話筒說話的人，往往都無法獲得升遷，他們每件事都做得很隨便，所以小錯不斷。因為他們以效率為優先，根本不在乎事

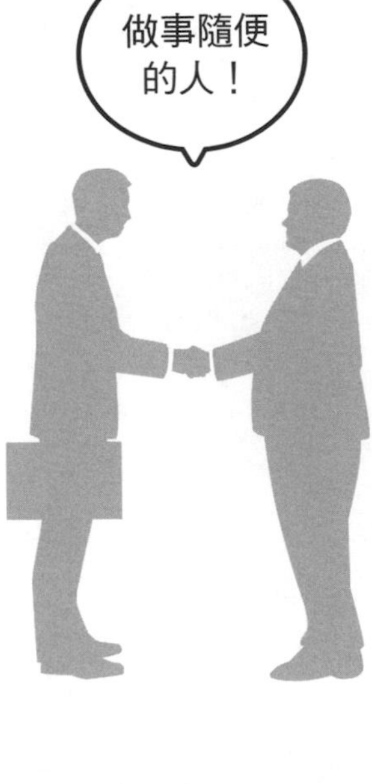

情到底做得好不好。而且，這種人做事也常常會半途而廢，對那些老是在幫他們擦屁股的同事來說，這種類型的人其實是很大的包袱。更糟糕的是，本人根本沒有自覺，還很得意的認為：「我可以很快的把事情處理好。」

肩膀夾著話筒說話，這個動作只有一句話可以形容，那就是「沒意義」。如果是已經站起來要出門，突然接到電話的話，那還說得通。坐在辦公桌前，即使要抄下什麼重要事情，也只要用另一隻手拿話筒就好。故意用那麼勉強的姿勢講電話，只是想讓周圍的人看到自己做事很厲害的樣子罷了。

像這類型的人，除了會用那種姿勢講電話，也習慣一邊工作一邊與人講話，要不然就是一邊吃飯，還要一邊看手機。做事情沒有分寸，也無法專注於一件事，結果就是不管是做什麼都半途而廢。

心理POINT

對自己的半途而廢完全沒自覺，而且還超有自信！

常照鏡子的人缺乏自信

透視力關鍵字　公眾自我意識

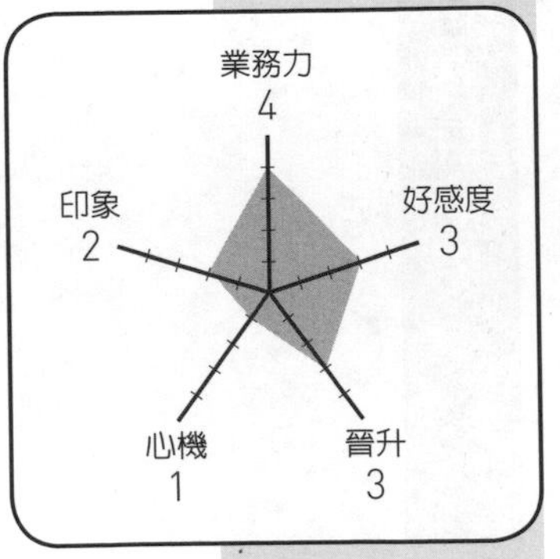

幾乎沒有人例外，我們都是從「臉」來判斷與區分每一個人。我們也會用「人面很廣」來表現一個人很有人脈。也就是說，我們每個人的臉，就是自己的看板。

但是我們看不到自己的臉，無從得知自己在別人眼中是什麼樣子。所以我們才會很想知道周圍的人是怎麼看自己的，這在心理學上稱為「公眾自我意識」。

唯一的方式就是照鏡子。透過鏡子的反射，我們可以仔細的觀察自己的臉和姿態。就如同自己對周遭的人抱持著各種印象，我們也可以想像，周遭的人對我們是什麼樣的印象。

從鏡子中觀察自己，有助於自我認同的確立，絕非壞事。如果是帥哥、美女的話，會讓自己更有自信；若覺得自己長相普通，也可以透過妝髮、舉止來改變給人的印象。青春期的時候，應該也有不少人在鏡子前練習自己的表情吧。從很多層面來看，鏡子其實是幫助自己成長的工具。

照鏡子還有另外一個理由，那就是對自己的能力、性格等內在層面沒有自信的時候，當我們無法肯定自己時，看見鏡中的自己，可以再次確定自己的存在，讓自己的心變得比較堅強。看著鏡子，追求自己理想中的身影，可以防止自己變得封閉，能夠更有勇氣面對社會。

所以，當你覺得沒有自信的時候，站在鏡子前，好好看看鏡中的自己。

心理 POINT

照鏡子也能讓自己成長！

走在手扶梯上的人，個性不服輸

透視力關鍵字　追求優越性

搭乘手扶梯的時候，日本關東地區的人會靠左側站立，關西地區的人則是靠右側站立，這是很不可思議的地方性潛規則。但手扶梯上總有一側是供人站立，另一側則是讓人可以快速通過，這個規則是共通的。

會走在手扶梯上用，分成兩種，一種單純是因為趕時間，必須快速通過；另一種則沒有特別的原因，但就是想快點通過。

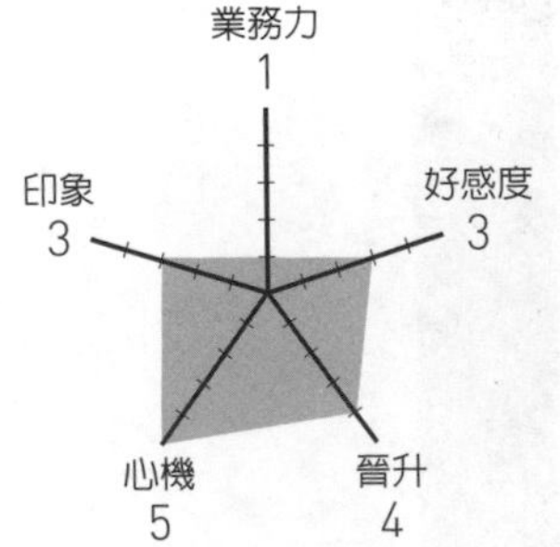

不趕時間，又想要快點通過的人，具有強烈的競爭心和不服輸的性格。我們可以這麼分析，當一個人欲望沒有被滿足時，會用替代性的事物來安慰自己。例如工作上業績輸給了對手時，就想在生活中好好談一場戀愛；或是和朋友出國旅遊，讓自己的生活更充實；或是買一部超級跑車，讓大家羨慕一下。這些行為所要表達的是，「我才是勝利組！」

同樣的，會走在手扶梯上的人，就是想比別人更快一步到達目的地，享受一下勝利的快感。在意輸贏，想要追求優越感，這種特性在社會人士身上特別明顯，但不管拿什麼事來安慰自己，都彌補不了業績輸給別人這件事。

而且，這種不服輸的邏輯背後，有個決定性的結論。那些靜靜站在手扶梯上的人，才是已經獲得勝利的人，他們不需要在手扶梯上超越別人，來獲取替代性的勝利。其實，在超越別人之前，早就勝負已定！

心理POINT

靜靜站在手扶梯上的人才是「勝利組」！

握手的行為隱藏著各式各樣的情感

透視力關鍵字　接觸行為

每個人的手都隱藏著情感，所以握手，也就是雙方的手互握的行為，在溝通上有很大的意義。特別亞洲民族，我們在與人打招呼時，主要是利用行禮和話語，很少有身體上的接觸，所以握手這個接觸行為，不只是形式上的動作，還包含了很深的情感，和在歐美僅代表「初次見面」的意義有很大的不同。

握手的方式也有很多種，藝人在簽名會

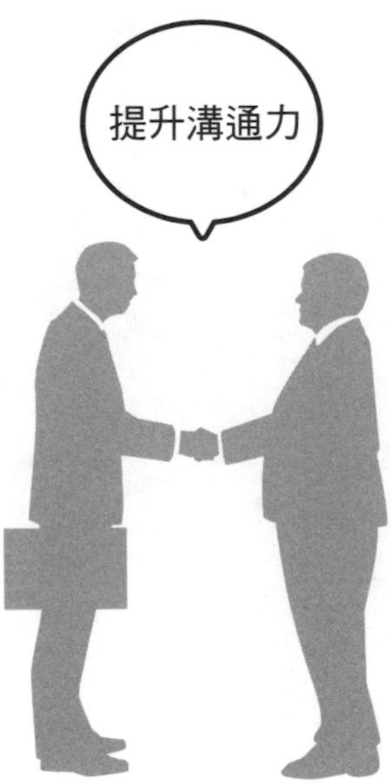

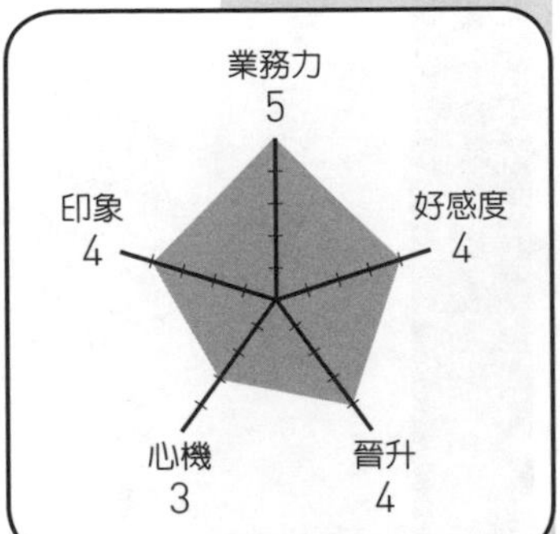

上握手，其實只輕輕一握就放開；候選人在跑選舉活動時，會一邊與民眾打招呼，一邊以雙手與民眾握手；還有朋友或工作夥伴之間，會滿懷誠意與感謝，緊緊的握手。

我們透過握手，表達希望與對方產生連結，並且獲得支持的意思。撇開藝人和政治家這些可能不會再見第二次面的關係，朋友介紹的對象或工作上的合作夥伴，如果對方主動與我們握手，就代表他對我們有所期待與信賴。

握手的時候，如果對方是緊緊握住的話，代表他的情感也是很強烈的。特別是剛見面，彼此交情還不深的時候，這種握手方式可以解釋成期待希望雙方接下來會有長期的往來。其實這就跟對心儀的異性展開熱烈追求，寫了一篇很長的文章訴說自己的情感，出發點是相同的。只是用握手這種接觸行為來表現，更容易一些。

心理 POINT

握手有表達友好、想與對方更親密的作用！

喜歡把部下叫來跟前的上司，對自己沒自信

透視力關鍵字
威權主義

不管在哪個時代，公司的上司總是個麻煩的角色。特別是近年來，即使受到上司的暴力威脅，因為找工作不容易，想提出辭呈也得再三考慮。如此一來，如何與上司好好相處，就決定了自己接下來的人生。在這裡提出兩個相對的例子，給大家參考。

有一種上司習慣把部下叫來自己的辦公桌前給予指示，看起來好像很有架式，很厲害的樣子，其實他們大多對自己的能力沒有自信。為了營造出很有權威的感覺，他們才

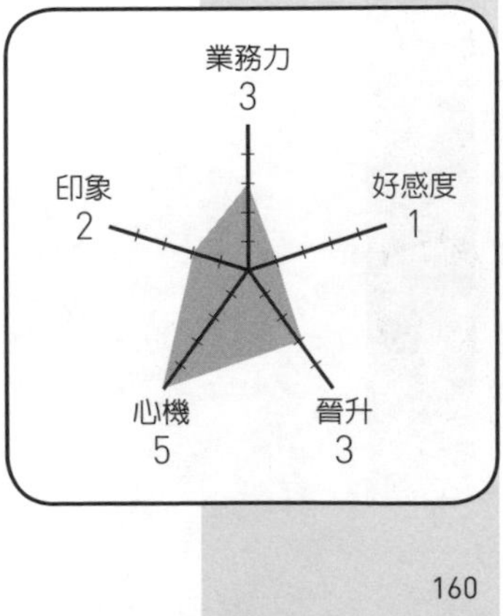

不離開位置，而是把叫部下叫來自己的面前交辦命令。像這種威權主義的上司是很典型的「下強、上弱」型，所以部下不太會尊敬他們。但上司畢竟是上司，在公司裡就得服從他們的命令。不過，想與這類型的課長抗衡時，只要一句「這是部長說的」，也就是拿更高的權威來壓制他們，會很有效果。

相反的，到部下的辦公桌前交辦命令的人，不會拿自己的職稱來壓制下屬，所以不太有威權感，但他們很有自信，也覺得自己是很有威嚴的，不會因為別人的話而動搖，有一套自己的價值判斷標準。即使是部長、董事，甚至是社長的意見，他也不會輕易動搖，因此深得部下的心。不過，如果你提出比較客觀的意見，證明你的方式比較有效的話，他也會傾聽，並理解你的看法。

只是，因為這類型的上司腦袋動得很快，所以一發生小錯誤馬上就會被發現。因此，如果不是很有把握的意見，有可能立刻就被推翻，要有所覺悟再行動。

心理POINT

不管上司有能力或沒能力，都是麻煩的對手！

擅長與年長者交好的年輕人是野心家

透視力關鍵字
向上心

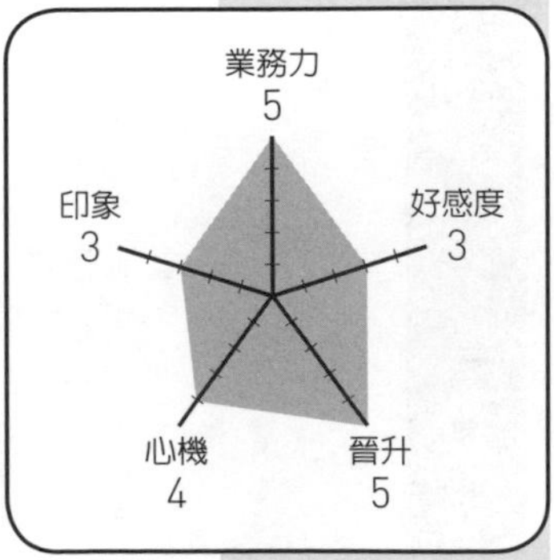

在公司裡向權威人士或高層鞠躬哈腰，可能會有人在背後說「又在拍馬屁」之類的話。如果沒有能力，又想要別人拉拔，狀況可能不一樣；但是我認為，有能力、又想往上爬的人，就應該要有野心，積極的與年長者交流。

不管是作為個人或社會人士，想要有進一步的發展，都必須從經驗或觀察中學習。一個比較有野心的人，他們的直覺會告訴

自己，向哪些人學習最有效。具體來說，像是「平常就很照顧自己的朋友」、「為了讓工作順利進行，能夠借力使力的上司」、「在工作或人生上能夠給自己意見的前輩」等等，這些人的共通點就是地位比自己高。結合這些人的力量，就可以看到成功的方向，也能夠提升自己。

如果各位也有野心想往上爬，記得要向那些已經在高位的年長者學習，因為他們的一舉一動中，有許多值得效仿的地方。儘管這麼做可能會被一些人在背後說壞話，但是所謂的「壞話」，其實是一個人自卑的表現，代表他心裡羨慕對方所擁有的素質與能力。所以，如果有人在背後說你的壞話，就某方面來說，也代表你的能力獲得認同。

不管對方是上位者或下屬，我們都要能夠正確、客觀的評價一個人，將來自己成為上位者時，才能夠好好管理屬下。然而，如果只是以升遷為目標，那也太空虛了。升遷之後能夠做些什麼，要做些什麼，目標要更明確才行，這樣向成功者學習才有意義。要記得，升遷只是手段，而不是目標。

心理POINT

成功的人相對有他們的一套！

習慣站左邊的人想當領導者

透視力關鍵字 左腦掌管邏輯思考

團隊的領導者常有一種傾向，會習慣讓大家看他右側的臉。因此，和別人一起行動時，他們會不自覺的站在左邊。

比起左臉，右臉給人強而有力、威風凜凜的感覺。讓大家看到自己的右臉，其實就是希望對方認同自己是團隊的領導者。我們的身體右半部，是由掌管邏輯思考的左腦控制，再加上強而有力的右臉，能夠給人理性又知性的印象。

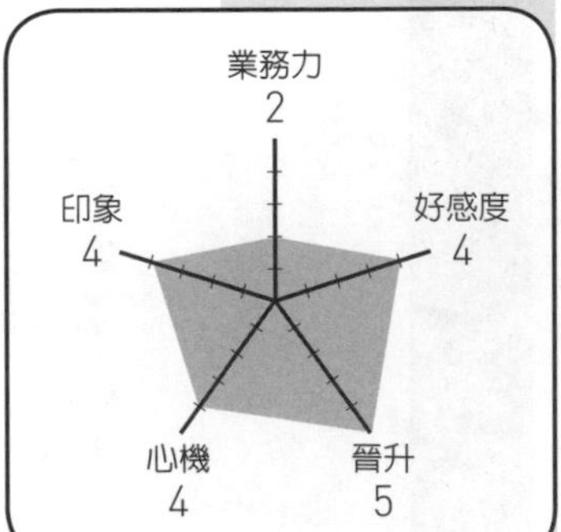

所以，如果你想成為團隊中有發言權的人，想當領導者的話，那麼就養成習慣，盡量讓別人看自己的右臉。只要站在對方的左側，很簡單就可以達成目的。如果無法站在對方的左側，只要面對面與對方說話就好，臉稍微往左邊轉，就能夠讓對方清楚看到你的右臉了。

不斷重覆同樣的動作，就可以把自己領導者的印象烙印在別人的腦海裡。

想成為領導者的人會無意識的站在左側

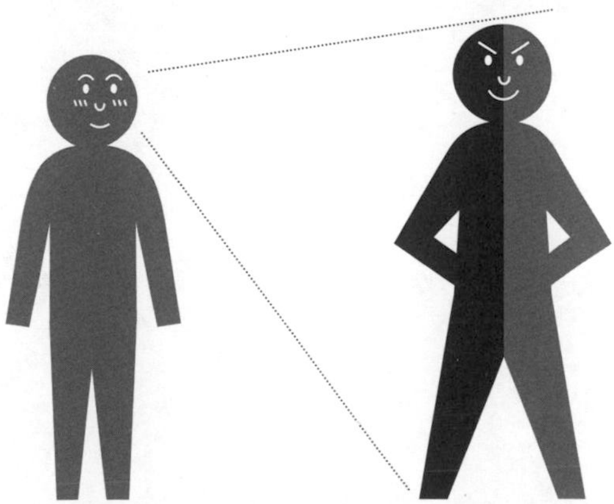

在無意識中，讓別人看自己右側的臉，是想展現自己理性的一面！

心理POINT

除了給人領導者的印象，具備領導者的實力也很重要！

Test

了解自己的心理測驗⑤

本当の自分がわかる心理テスト

問題
22

在河邊散步的時候，你發現路旁有一個紙箱，發出窸窸窣窣的聲音，好像有動物在裡面。請問，你認為紙箱裡是什麼呢？

Question

A

小狗

B

山羊

C

兔子

D

猴子

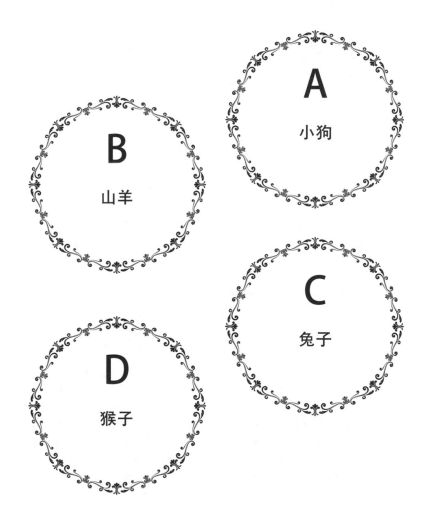

Answer

可憐的動物是你的後輩
診斷你對部下是否「寬容」

B

記仇與心胸狹窄堪稱一絕！對部下的寬容度30%

對於曾經犯錯的人，你從來不會原諒，是會記仇一輩子的人。而且，如果曾經犯錯的人又犯了錯，你會把前仇加舊恨加起來一起數落他。身為上司，比起說教，你應該多教導對方比較好！

A

寬容度雖然高，但超過界限就會爆發！對部下的寬容度80%

你的個性忽冷忽熱，有可能在瞬間爆發，但又馬上冷卻，很快就忘記不愉快，這是你的優點。只是，如果聽到部下或後輩講自己壞話，你會很在意，而且還會記恨。別老是受這些小事影響，放開你的胸懷吧！

D

總是笑笑的好嗎？對部下的寬容度100%

部下犯錯，你絕對不會生氣，還會笑笑的原諒他，寬容度100%。你幾乎都不生氣，而且還會鼓勵部下。你知道、也能夠容忍部下偶爾會在背後說自己的不是，是讓人很佩服的地方，是個理想的上司！

C

要不要原諒取決於對方的態度！對部下的寬容度60%

只要釐清責任，心情就會比較舒坦，你是一個冷靜，並且能夠做出公正判斷的人。只是，你無法原諒犯錯又不坦率道歉的部下，這是你比較堅持的地方。從這點來看，你對人的寬容度並不高！

Question

問題 23

你在庭院裡種鬱金香，每天幫它澆水，看著它成長。在一個晴朗的日子，你澆了特別多的水，隔天，你發現鬱金香長大了。請問，你認為它長了多高？

A 1公分左右

B 3公分左右

C 5公分左右

D 7公分左右

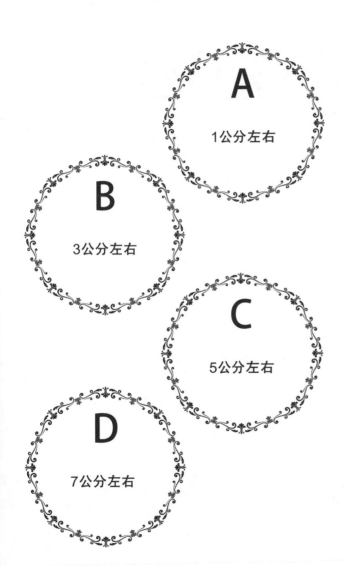

Answer

公司是否會成長，取決於你？
診斷你適不適合當「老闆」

你的眼光與統率能力獨到！適合當老闆的程度100%

你可以判斷適切的成長高度，性格上很適合當老闆。你會聽取人們的意見，任何事都能夠維持平衡，逐步向前推進，不會引起爭執。只是，為了符合周遭人們的期待，會太過勉強自己而疏忽健康，要多注意！

B

領導的工作對你來說有點吃力！適合當老闆的程度30%

帶領大家的工作，你相對較不擅長。比起當老闆，你更適合當自由工作者。因為你總是一個人思考並行動，在公司裡獨來獨往，如果要你下指示給部下，或是掌控全場，你也許就會不知所措了！

A

不能只想著往上爬！適合當老闆的程度50%

追求成長極限的你，有強烈的欲望想往上爬。像你這種獨裁者，要是坐上位的話，如果沒有相當的策略與資質，大概很難成功。如果沒有這方面的自信，就放棄當領導者，或是學習多聽聽其他人的意見！

D

和大家一起打拚的領導人！適合當老闆的程度80%

鬱金香的成長稍微高於正常，選擇這個答案的你，是會與大家並肩作戰的領導者。你很重視團隊的平和，整合大家是你最拿手的工作。只是，不夠嚴格是你的缺點，即使被討厭，該說的話還是要說！

C

Question

問題
24

你終於突破重重難關，找到工作。在上班的第一天，你會在公司看到什麼樣的辦公桌？

A
附有車輪的桌子

B
透明玻璃製的桌子

C
需要自己組裝的多功能桌子

D
木製的自然風桌子

Answer

桌子就代表你對工作的熱忱

診斷你「對工作的熱忱」

比起內容，你更在外表！對工作的熱忱50%

選擇豪華的玻璃製辦公桌，代表比起自己的成就感，你更在意別人是怎麼看這份工作，你會以此為標準來選擇工作。公司的名號或知名度，每個人都會在意，只不過，重要的還是工作的內容你要能夠勝任！

什麼時候離職都可以！對工作的熱忱10%

附有輪子的桌子，代表隨時可以移動。對於現在的工作，你不是那麼堅持，認為要轉職隨時都可以。換個角度來看，你對於新的人事物不會那麼神經質，適應力強，相信不管在哪個職場，你都能夠馬上適應！

熱不熱愛工作，還看不出來！對工作的熱忱30%

選擇木製辦公桌的你，目前還看不太出來你對工作的熱情。如果在公司裡找到你想做的工作，你有可能投注所有的熱情；但如果與公司不合，也有可能直接離職。若是找到自己想做的事，你對工作也是會很有熱情的！

你具備職人的氣質！對工作的熱忱99%

組合式的多功能辦公桌，代表你具有創意的天分與才能。你可以很快的切換自己的心情，做事很有彈性，面對新的工作，你也可以很快就上手。只是，你像職人般固執的一面，很容易與人起爭執，要多注意！

Question

問題
25

回到很久沒回去的家鄉，參加青梅竹馬的結婚典禮。結婚典禮後的宴會服裝沒有限制，請問，你會做怎樣的打扮呢？

A 引人注目的打扮

B 做角色扮演

C 讓大家開心的打扮

D 讓自己變帥／變美的打扮

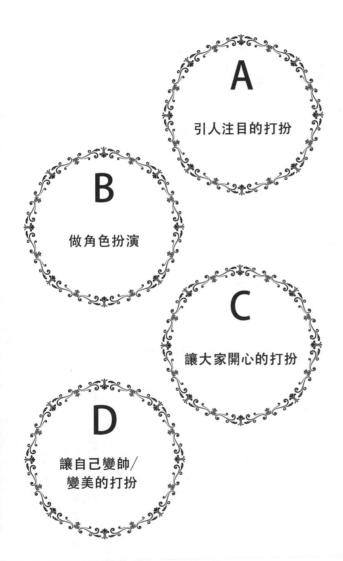

Answer

職場同事是這麼看你的
診斷你在職場上給別人的「印象」

B
計算能力強！
擅長分析與處理

打著算盤行動的你，在要求分析與處理速度的職場，是不可或缺的人才。上司也很信賴你，通常會給你適任的工作。但要是因為你的能力讓你變得驕傲的話，同事也會對你也會心生不滿，要多注意！

A
引人注目的姿態是兩面刃！
做事迎刃有餘型

周圍的同事認為，你做什麼事都是有目的的。當你完成自己的工作後，會早別人一步展現自己的成果，在上司眼中是個值得寵愛的部下。只是，太過獨善其身，只想到自己，這樣也不好，要多注意！

D
小心別被同性的目光射死！
在異性之間相當有人氣

散發高貴優雅氣質的你，在職場上被當成公主對待，上司看到你，也會不自覺的變溫柔。別人看來，你是個幸運兒，但很有可能招惹同性的妒嫉，要有所覺悟。整體來看，其實壞處是多過好處的！

C
觀察能力強，行動速度快！
職場上的社交天才

你很懂得察顏觀色，能夠感受人心的微妙變化。服務精神佳，不光是所屬部門，其他部門的上司、客戶也都很喜歡你。社交能力高，人面也很廣，但如果遇到個性比較嚴肅的上司，就要多小心！

Question

問題 26

很久沒有參加聯誼活動的你，看到一位符合自己條件的異性。如果可以自由選擇座位，請問，你會選擇坐在哪裡呢？

A 那個人旁邊的位子

B 離那個人稍微有點距離的位子

C 那個人對面的位子

D 到處移動

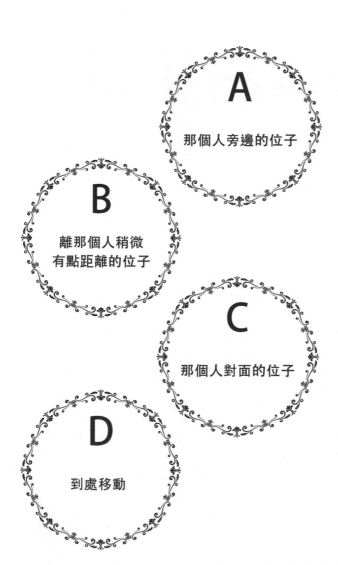

Answer

老實說，我就是對你這點很不爽！
診斷你對同事的哪個部分「不滿」

B

臉會不會靠太近了！
沒有隱私這件事讓人很不滿！

你認為自己的領域應該自己防守，對於同事三不五時就來問你私生活的事，已經無法再忍受。如果他們又對你的髮型或服裝發表意見，你大概就會爆發了吧！你一定很想對他們說：「少來管我！」

A

公德心的老問題！
對同事的粗神經很不滿！

你是一個會為他人著想的人，對於周遭的同事總是只想到自己的行為，無法苟同。像是廁所的電燈沒關、垃圾沒分類等等，都會讓你怒氣上升。你的心裡應該一直在吶喊著：「你們到底有沒有公德心啊！」

D

這樣真的不行！
對同事的抱怨行徑很不滿！

你是一個性格開朗、積極進取的人，無法忍受愛發牢騷的同事的抱怨與不滿。你總是無法理解，這些人為什麼會這麼悲觀。不過，覺得有壓力的，會不會只有脾氣好、願意當他們垃圾筒的你呢？

C

想說什麼就直接說！
背地裡講話讓人不爽！

個性大剌剌的你，一根腸子通到底，很討厭有人在背後說話。想說什麼，就應該直接在會議上或檯面上說清楚，私下協商這種事，實在讓人不爽。你心中一定認為，這樣的公司是沒有未來的！

先拿出名片的人先贏：48 個職場透視技巧，三秒看穿人心！26 道心理測驗，了解最真實的自己！（透視心理學大全 1）／齊藤勇監修；吳偉華譯 .-- 初版 .-- 台北市：時報文化，2015.06；180 面；14.8 ╳ 21 公分 .--（人生顧問；213）譯自：相手の心を読む！透視心理学大全
ISBN 978-957-13-6272-4（平裝）
1. 職場成功法　2. 行為心理學　3. 肢體語言
494.35　　104007244

AITE NO KOKORO WO YOMU! TOUSHI SHINRIGAKU TAIZEN

by

Isamu Saitou

人生顧問 0213

先拿出名片的人先贏

——— 48 個職場透視技巧，三秒看穿人心！26 道心理測驗，了解最真實的自己！（透視心理學大全 1）

相手の心を読む！透視心理学大全

監修者　齊藤勇｜**譯者**　吳偉華｜**主編**　陳盈華｜**編輯**　劉珈盈｜**美術設計**　if-office｜**執行企劃**　張媖茜｜**董事長・總經理**　趙政岷｜**總編輯**　余宜芳｜**出版者**　時報文化出版企業股份有限公司　10803 台北市和平西路三段 240 號 3 樓　**發行專線**—(02)2306-6842　**讀者服務專線**—0800-231-705・(02)2304-7103　**讀者服務傳真**—(02)2304-6858　**郵撥**—19344724 時報文化出版公司　**信箱**—台北郵政 79-99 信箱　**時報悅讀網**—http://www.readingtimes.com.tw｜**法律顧問**　理律法律事務所　陳長文律師、李念祖律師｜**印刷**　勁達印刷有限公司｜**初版一刷**　2015 年 6 月 5 日｜**定價**　新台幣 250 元｜行政院新聞局局版北市業字第 80 號｜